AF743756

El abc de los
ÁRBOLES FRUTALES

Jean-Yves Prat

El abc de los ÁRBOLES FRUTALES

Ilustrado por Joël Bordier

susaeta

Título original: *L'abc du verger*
Traducción: Herminia Bevia y Antonio Resines
Revisión de textos: Ana Doblado

© Éditions Rustica, Paris
© SUSAETA EDICIONES, S. A.
C/ Campezo, 13 - 28022 Madrid
Tel.: 91 3009100 - Fax: 91 3009118
Impreso y encuadernado en España

Cualquier forma de reproducción, distribución, comunicación pública o transformación de esta obra solo puede ser realizada con la autorización de sus titulares, salvo excepción prevista por la ley. Diríjase a CEDRO (Centro Español de Derechos Reprográficos) si necesita fotocopiar o escanear algún fragmento de esta obra (www.conlicencia.com; 91 702 19 70 / 93 272 04 47).

Contenido

Prólogo

A quien tiene un jardín le resulta difícil resistirse a la tentación de comprar un cerezo, un manzano, un melocotonero o cualquier otro frutal. Se los imagina rápidamente cubiertos de coloridos frutos listos para ser recogidos...

Con los pies otra vez en la tierra, se plantean muchas preguntas. Antes de nada y, sobre todo, antes de lanzarse a comprar árboles, lo más razonable es que tome algunas decisiones teniendo en cuenta sus gustos y una serie de criterios.

La climatología local, la naturaleza del suelo y la superficie de la que disponga son factores que limitarán sus opciones, sin olvidar sus propias preferencias, el tiempo que pueda dedicar al mantenimiento de los frutales, los periodos de vacaciones... ¡Sería una pena que tuviese que ausentarse justo en el momento de la recolección!

En esta obra le explicamos los pasos fundamentales que debe seguir con cada variedad. Le ofrecemos numerosas ilustraciones y consejos para que seleccione los árboles que más le convienen y le orientamos sobre la compra de ejemplares, el momento de la plantación y su posterior mantenimiento.

Si usted desea crear un auténtico huerto de frutales, aprenderá con nuestro libro cómo planificarlo, cuáles son las especies más adecuadas, los momentos de la recogida, las formas posibles, cómo preparar el terreno, plantar los árboles y mantenerlos en forma muchos años.

Introducción

Qué especies y variedades elegir

El primer paso consiste en dibujar un boceto del jardín en el que figuren las plantas ya existentes. A continuación, indique los árboles que desea plantar, respetando las distancias aconsejadas para cada especie: hay que tener en cuenta su futuro desarrollo.

Si dispone de un terreno amplio, puede crear un huerto frutal separado del resto del jardín. En superficies pequeñas, un frutal puede sustituir ventajosamente a un árbol ornamental, pues su floración es hermosa y además produce fruta. El cerezo, el almendro o el manzano, por ejemplo, resultan muy decorativos. Si tiene muros en su jardín, ha de estudiar también la posibilidad de cultivar árboles en espalderas (albaricoquero, almendro, peral, manzano...).

Elija las especies y las formas de los frutales de acuerdo con la región, el clima y, sobre todo, con el espacio disponible. Evite plantar especies que no se hayan cultivado tradicionalmente en la zona, con la salvedad de algunas mediterráneas que pueden crecer en macetas si se tiene la opción de guardarlas en el interior durante el invierno.

En lo que respecta a las variedades, escoja también las propias de la región, aunque sin olvidar sus gustos personales. Puede aprovechar el periodo de recogida para visitar algunos viveros cercanos y probar los frutos antes de decidirse por la variedad que más le interese.

Si planta muchas especies, es recomendable que escalone la recolección para disfrutar más de sus frutos.

La importancia de la polinización

La mayoría de las especies de frutales se caracterizan por la auto-

Los niños (y los no tan niños...) siempre disfrutan recogiendo la fruta. El jardín se convierte entonces en el «país de las maravillas», en un paraíso para los glotones. Una vez decidido qué va a plantar, siga paso a paso los consejos expuestos a lo largo de estas páginas. Así aprenderá todo lo que necesitan sus árboles para ofrecerle buenos y abundantes frutos.

Periodos de recogida de algunos frutos

Junio	Cerezas, grosellas (negras y rojas)
Julio-agosto	Albaricoques, frambuesas, melocotones, primeras peras y manzanas, ciruelas
Septiembre-octubre	Almendras, castañas, nueces, nísperos de invierno, avellanas, manzanas, peras
Noviembre	Cítricos, caquis, kiwis

Un árbol dioico

El kiwi o actinidia es un árbol dioico. Esto significa que las flores masculinas y las femeninas crecen en pies diferentes. Así pues, es necesario plantar al menos un árbol macho por cada 4-5 hembras.

gamia, es decir, se «autopolinizan», lo que significa que el polen de un árbol es capaz de fecundar a sus propias flores. Con todo, algunas especies (grosellero negro, cerezo, avellano, nogal, peral, manzano, ciruelo...) requieren del polen de otro árbol para producir fruta en abundancia. Esto es lo que se llama polinización cruzada. Por lo tanto, tiene que haber cerca otro frutal compatible para garantizar el intercambio de polen, indispensable para una producción abundante.

En las páginas siguientes encontrará un listado de variedades polinizadoras compatibles para algunas de las especies incluidas en este libro.

Cuadro de variedades polinizadoras

Avellano

Variedades que se quieren polinizar	Variedades polinizadoras
• 'Bergeri'	'Maravilla de Bollwiller'
• 'Fértil de Coutard'	'Bergeri'
• 'Maravilla de Bollwiller'	'Cosford' 'Larga de España'
• 'Segorbe'	'Fértil de Coutard' 'Maravilla de Bollwiller'

Cerezo

Variedades que se quieren polinizar	Variedades polinizadoras
• 'Délice de Malicorne'	'Burlat Precoz'
• 'Gigante de Hedelfingen'	'Burlat Precoz' 'Reverchon'
• 'Burlat Precoz'	'Gigante de Hedelfingen' 'Rivers Temprana'
• 'Delbard Temprana'	'Délice de Malicorne'
• 'Marmotte'	'Moreau' 'Rivers Temprana'
• 'Moreau'	'Jaboulay'
• 'Reverchon'	'Gigante de Hedelfingen' 'Burlat Precoz'
• 'Rivers Temprana'	'Burlat Precoz' 'Marmotte' 'Moreau'

Conservación

Algunas variedades de manzanas y peras, al igual que los frutos secos, pueden conservarse durante buena parte del invierno e incluso, en algunos casos, hasta la primavera siguiente.

Ciruelo

Variedades que se quieren polinizar	Variedades polinizadoras
• 'Mirabel de Nancy'	'De Alsacia' 'Reina Claudia Dorada'
• 'Reina Claudia de Bavay'	'Reina Claudia de Oullins'
• 'Reina Claudia Dorada'	'Reina Claudia de Bavay'
• 'Reina Claudia de Oullins'	'Reina Claudia de Althan'
• 'De Alsacia'	*Autopolinizadora*
• 'Thames Cross'	*Autopolinizadora*
• 'Valor'	'Reina Claudia Dorada'

Grosellero negro

Variedades que se quieren polinizar	Variedades polinizadoras
• 'Delbard Robusta'	'Black Down' *(autopolinizadora)* 'Negra de Borgoña'
• 'Gigante de Boskoop'	'Negra de Borgoña'
• 'Negra de Borgoña'	'Black Down' 'Gigante de Boskoop'

Manzano

Variedades que se quieren polinizar	Variedades polinizadoras
• 'Bella de Boskoop'	'Idared' 'Reineta de Caux'
• 'Calville blanca'	'Golden Delicious' 'Reineta anaranjada de Cox' 'Reina de las reinetas'
• 'Cybèle'	'Reina de las reinetas'
• 'Delbard Jubileo'	'Reina de las reinetas'
• 'Elstar'	'Golden Delicious' 'Reina de las reinetas'
• 'Harmonie'	'Reina de las reinetas'
• 'Régali'	'Reina de las reinetas'
• 'Reineta blanca de Canadá'	'Reina de las reinetas' 'Reineta anaranjada de Cox'
• 'Reineta gris de Canadá'	'Reina de las reinetas' 'Reineta anaranjada de Cox'
• 'Reineta de Mans'	'La Nationale'

Variedades autopolinizadoras

En el caso del almendro, puede evitar tener que plantar varios árboles si escoge variedades autopolinizadoras (que no precisan polinización cruzada).

• 'Reineta anaranjada de Cox'	'Calville blanca' 'Golden Delicious' 'Reina de las reinetas'
• 'Reina de las reinetas'	'Calville blanca' 'Golden Delicious'
• 'Royal Gala'	'Golden Delicious'
• 'Tentation'	'Golden Delicious' 'Reina de las reinetas'

Nogal

Variedades que se quieren polinizar	Variedades polinizadoras
• 'Corne'	'Grandjean' 'Mayette'
• 'Franquette'	'Parisina'
• 'Marbot'	'Franquette'
• 'Parisina'	'Franquette'

Peral

Variedades que se quieren polinizar	Variedades polinizadoras
• 'Mantecosa Hardy'	'Buen Cristiano William's' 'Conferencia' 'Triunfo de Viena'
• 'Buen Cristiano William's'	'Mantecosa Hardy' 'Conferencia' 'Doyenné du Comice'
• 'Conferencia'	'Buen Cristiano William's' 'Doyenné du Comice'
• 'Delbard de otoño'	'Buen Cristiano William's' 'Conferencia' 'Doyenné du Comice'
• 'Delbard Gourmande'	'Buen Cristiano William's' 'Conferencia'
• 'Delbardélice'	'Mantecosa Hardy'
• 'Doyenné du Comice'	'Buen Cristiano William's' 'Conferencia'
• 'Fertilia Delbard'	'Doyenné du Comice'
• 'Louise Bonne d'Avranches'	'Mantecosa Hardy'
• 'Péradel'	'Doyenné du Comice'

Qué forma escoger

En el momento de la compra, encontrará frutales de la misma especie formados de diferente manera.

Árboles de crecimiento libre y arbustos

Este tipo, cercano a la silueta natural de la especie, se «trabaja» poco en los viveros. Los árboles cultivados con **crecimiento libre** necesitan mucho espacio, en especial el castaño y el nogal. Los más voluminosos son los de **pie alto,** cuyo tronco mide entre 1,50 y 2 m de altura. A continuación vienen los de **pie medio,** en los que, gracias a una poda apropiada, el tronco alcanza de 1 a 1,50 m. Por último están los de **pie bajo,** forma sólo posible en algunas especies (viene indicado en cada ficha), cuyo tronco no supera los 30-80 cm de altura. La distancia que debe dejarse entre los árboles al plantar oscila entre 6 y 10 m, según las especies.
Otros frutales (groselleros negro y rojo, uva espina, frambueso...) se venden con su forma natural, es decir, **arbustiva.**

Las formas planas o en espaldera

Otras formas de frutales, las conocidas como **planas** o **en espaldera,** en las que las ramas se desarrollan todas en un mismo plano, engloban las **palmetas,** regulares o irregulares, y los **cordones,** verticales y horizontales. Para conseguir estas formas hace falta algún tipo de soporte para las ramas. Hay distintas posibilidades:

- apoyar el árbol contra un muro provisto de listones para guiar la planta **en espaldera.** Este sistema permite cultivar especies sensibles, como el melocotonero, incluso en zonas frías, ya que la pared crea un microclima favorable.
- utilizar el árbol como separación entre dos partes del huerto o jardín, sujetándolo con ayuda de una **contraespaldera** formada por puntales entre los que se tienden alambres.

Evidentemente, las formas dirigidas en espaldera requieren un mantenimiento regular, sobre todo en lo relativo a la poda, los tratamientos fitosanitarios, el aclareo de frutos, el ensacado (peras y manzanas)... Sin embargo, su tamaño reducido facilita la tarea. Los frutos son, en general, más grandes, mejores y quedan al alcance de la mano.

La influencia de la forma en la cosecha

Según las especies y las formas escogidas obtendrá las primeras cosechas más o menos rápidamente. Si ha optado por árboles de **crecimiento libre** de pie alto o medio, habrá de tener paciencia: los primeros frutos aparecerán 5 o 6 años después de la plantación (8 años en el caso del nogal). El melocotonero, por el contrario, incluso cultivado en formas altas produce frutos el mismo año de su plantación.
Las **formas planas** fructificarán antes si se compran ya formadas. Así, la palmeta en U sencilla dará sus primeros frutos al cabo de 2 años, la palmeta en U doble y la palmeta Verrier a los 3 años, y los cordones, desde el segundo año.

¿Por qué adquirir un plantón?

Las formas citadas se obtienen mediante una poda adecuada, realizada durante varios años por el profesional que le vende el árbol frutal. Pero, si lo desea, usted mismo puede encargarse del trabajo. Tendrá que adquirir un **plantón**, llamado también pimpollo, que es un arbolito injertado el año anterior que sólo ha desarrollado un brote vertical y, a veces, según el vigor de la especie, algunas ramificaciones. A partir de ese arbolito podrá desarrollar un frutal de pie bajo, una palmeta en abanico delante de una pared, un cordón vertical o uno horizontal. Para las formas en espaldera es mejor optar por ejemplares que no sean demasiado vigorosos.
De todos modos, para empezar es preferible escoger árboles ya formados, aunque resulten algo más caros: darán los primeros frutos más rápidamente.
Es más delicado dar forma a algunas especies que a otras. Por otra parte, no siempre es fácil encontrar en los viveros las formas en espaldera, necesarias en las regiones frías. En la ficha correspondiente a cada árbol le iremos explicando cómo darle forma.

Las formas más corrientes en los frutales

Árboles de crecimiento libre

Pie alto

castaño, caqui, cerezo, ciruelo, manzano, melocotonero, níspero, nogal, peral

Pie medio

albaricoquero, almendro, caqui, cerezo, ciruelo, cítricos, manzano, melocotonero, membrillero, peral

Pie bajo

cerezo, ciruelo, cítricos, olivo

mata arbustiva

avellano, frambueso, grosselleros negro y rojo, higuera, níspero, olivo, uva espina, zarzamora

Formas planas o en espaldera

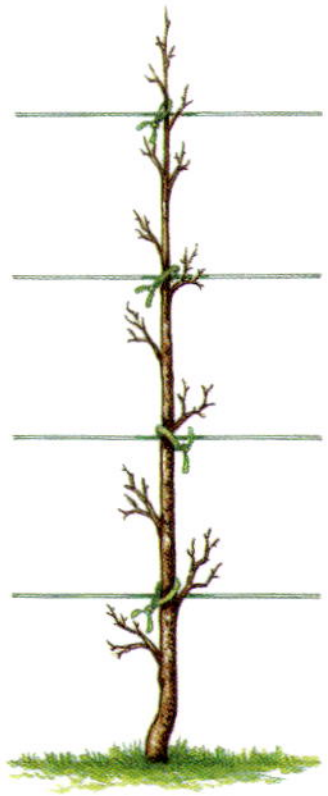

Cordón vertical

manzano, peral

Cordón horizontal sencillo

manzano, vid

Palmeta en abanico

albaricoquero, almendro, kiwi, melocotonero

Palmeta en U sencilla

manzano, peral

Palmeta en U doble

manzano, peral

Palmeta Verrier

manzano, peral

Dónde y cuándo adquirir los árboles frutales

Se pueden comprar los frutales en viveros y tiendas de jardinería. Según la especie y el momento, se venden con las raíces al aire, con cepellón o en un contenedor.

Árboles y arbustos a raíz desnuda

Los frutales «a raíz desnuda» se plantan desde principios de noviembre a finales de marzo, durante el periodo de reposo vegetativo. En los viveros, los ejemplares que se van a poner a la venta se desarraigan a finales del mes de octubre, cuando han perdido las hojas. Conservan alrededor de las raíces principales una serie de raíces más finas, las secundarias o «cabellera radicular», encargadas de extraer del suelo el agua y el alimento que precisa el árbol.

Estos ejemplares empiezan a venderse a principios de noviembre. En los viveros están dispuestos por especies en zanjas para renuevos y con las raíces enterradas. Pueden permanecer así hasta finales del mes de marzo. Así pues, usted podrá plantarlos durante todo ese periodo, siempre que no haya riesgo de heladas.

Aunque no haya tenido tiempo de preparar el terreno y tenga que posponer la plantación hasta marzo, conviene comprar los árboles antes (en noviembre, por ejemplo). Así podrá elegir entre más variedades y los frutales serán de mejor calidad que al final de la temporada. Pueden esperar en una pequeña zanja en su jardín, como si estuviesen aún en el vivero.

Árboles y arbustos en maceta

Estos ejemplares se pueden plantar durante todo el año, pero más vale no confiarse en exceso. Este tipo de árboles frutales se cultivan con ayuda de abonos líquidos y, después de su plantación, requie-

Cómo elegir bien un frutal

Siempre hay que comprar árboles con el tronco y las ramas bien formados, sin heridas, con una buena soldadura en el punto de injerto (el engrosamiento en la base del tronco), sin raíces partidas y con abundantes radículas (pequeñas raíces muy finas). Esta última observación sólo es válida si se adquieren ejemplares con las raíces al aire.

Asegúrese de que las ramas maestras (llamadas también primarias o de primer orden) de las palmetas tengan numerosas ramificaciones laterales bien repartidas en toda su longitud y sin zonas desnudas. Es sobre estas ramas donde crecerán los frutos.

ren un control riguroso del riego para que arraiguen en el primer verano. Por tanto, es preferible plantarlos en el periodo de reposo vegetativo, desde noviembre a finales de marzo.

Cuándo usar tutores y espalderas

En el momento de mullir y airear el suelo, tres meses antes de la plantación, se pueden colocar los tutores para los ejemplares de crecimiento libre y las estructuras necesarias para las formas en espaldera: estacas de madera, puntales metálicos, alambres, tensores... Tanto los armazones como los tutores deben colocarse antes de rellenar con tierra los hoyos o zanjas.

Cómo preparar el terreno

Para que la plantación sea un éxito, no basta con hacer en el último momento un agujero del tamaño de las raíces (o del cepellón). Para conseguir un buen arraigo y un crecimiento vigoroso de los árboles durante los primeros años, proceda a mullir el terreno haciendo hoyos o zanjas de mayor anchura y profundidad, mejorando así la calidad y aireación del suelo, y aprovechando la ocasión para añadir a la tierra extraída un abono de fondo (completo). Lo ideal es llevar a cabo este trabajo dos o tres meses antes de la plantación (un mes como mínimo) para lograr un asentamiento natural de la tierra tras el rellenado.

Los **árboles de crecimiento libre** necesitan un hoyo de al menos 1 m de lado y 80 cm de profundidad.

Para las **palmetas** en línea, cave una zanja de 60 cm de ancho y otro tanto de profundidad.

En el caso de los **frutales arbustivos,** según el número que vaya a plantar opte por abrir hoyos individuales de 50 cm en todos los sentidos, o bien excave una zanja de 50 cm de ancho y otro tanto de profundidad. Si las plantas necesitan estructuras de sujeción (como el frambueso o la zarzamora), hay que instalarlas antes de rellenar de nuevo los hoyos.

La plantación paso a paso

Árboles a raíz desnuda

1. En un periodo en el que ya no haya que temer heladas, y una vez que se haya asentado de manera natural la tierra anteriormente extraída, abra de nuevo un hoyo de un tamaño ligeramente superior al de las raíces del árbol o arbusto que vaya a plantar. Éste sí que es el **hoyo de plantación.** En el fondo del mismo forme un montoncito sobre el que reposará el árbol.

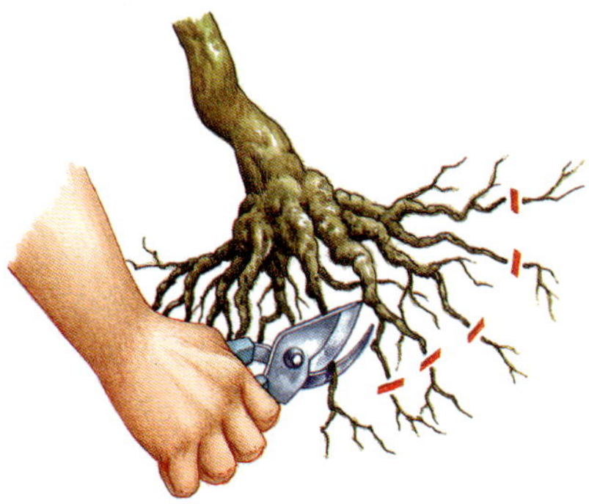

2. Suprima las raíces partidas o dañadas y recorte las que sean demasiado largas. Los cortes limpios, hechos con podadera, facilitan la cicatrización y favorecen el desarrollo de abundantes raicillas pequeñas o radículas.

3. Para garantizar un mejor arraigo del árbol y estimular la emisión de radículas, **introduzca las raíces en una mezcla de tierra de jardín y agua,** que tendrá consistencia de barro espeso. La mezcla puede enriquecerse con bosta de vaca. En las tiendas se puede adquirir un preparado deshidratado y listo para su uso.

En el momento de la plantación

Si no abonó la tierra en el momento de preparar el terreno, aún puede fertilizarla en el momento de plantar. Añada a la tierra removida del fondo y los laterales del hoyo un abono de fondo completo y compost. Si no lo hace ahora, le resultará inútil abonar, aunque eventualmente podrá incorporar estiércol seco a la tierra que rodea las raíces para favorecer que arraiguen mejor.

4. Luego **equilibre el volumen de las ramas** en relación al de las raíces. En los árboles cultivados con forma libre, recorte un tercio las ramas maestras o de primer orden; en las palmetas, pode a unos 20 cm la prolongación del año (la parte más clara de las ramas primarias). Elimine con un corte limpio las ramas partidas o dañadas, y aplique masilla cicatrizante en los cortes.

5. Coloque el árbol extendiendo las raíces sobre el montoncito del hoyo. Con ayuda de un palo rectilíneo, que pondrá atravesado sobre el agujero, verifique que el punto de injerto (si existe) queda al aire. Si se trata de una palmeta, habrá que respetar la alineación de las 4 ramas maestras respecto al armazón. Empiece a rellenar el agujero, haciendo que la tierra más fina quede en torno a las raíces. No apisone la tierra con el pie para no apelmazarla demasiado o romper las raíces. Así quedarán bolsas de aire, sobre todo si se trata de un terreno pesado.

6. Haga un alcorque en torno al tronco con una azadilla y riegue generosamente. Debe verter el agua con fuerza para que el suelo se asiente y la tierra se adhiera a las raíces. Una vez absorbida el agua, añada más tierra si es necesario y preserve el alcorque para futuros riegos.

Sujete los troncos a los tutores y las ramas principales de las palmetas a los armazones previstos para ese fin. No apriete demasiado y deje holgura suficiente en la atadura para que el árbol pueda asentarse en el suelo cuando la tierra se apelmace naturalmente. Más adelante, a medida que vayan creciendo, fije a su soporte las ramificaciones de las formas en espaldera.

Un mes después de la plantación

Un mes más tarde, sujete más firmemente los árboles con cuerdas, pero siempre con cuidado de no provocar estrangulamientos en las ramas.

Árboles en maceta

El método es igual al del árbol con las raíces al aire (página 18).
1. Cave un agujero de plantación de un tamaño ligeramente superior al del cepellón.
2. Introduzca en agua el tiesto para humedecer bien el cepellón antes de sacarlo. Métalo en el fondo del hoyo, procurando que la parte superior del cepellón quede a ras del suelo. Rellene el agujero sin apisonar la tierra. Haga un alcorque y riegue.
3. Pode las ramas de la manera indicada en el caso de árboles o arbustos a raíz desnuda.

El mantenimiento a lo largo del año

Sean cuales sean los frutales escogidos, necesitarán cuidados, aunque los de crecimiento libre requieren menos atenciones que las formas en espaldera. Para cosechar buenos frutos, son imprescindibles algunas operaciones de poda y mantenimiento.

La poda invernal

Se efectúa durante el reposo vegetativo, una vez pasado el peligro de heladas.
No es preciso podar los primeros años si se trata de árboles ya formados de pie alto o medio; fructificarán de manera natural. Para favorecer una producción abundante, proceda a un simple aligeramiento de las ramas cada 4 o 5 años, en noviembre.

En el caso de las formas en espaldera, la poda invernal (entre diciembre y marzo) tiene por objeto alargar las ramas principales obteniendo muchas secundarias, que son las que producirán los frutos. Estas formas necesitan, además, **intervenciones estivales:** pellizcado, poda «en verde» (cuando las ramas tienen hojas), sujeción, aclareo de frutos...

La fertilización

Es esencial y debe realizarla con regularidad si desea obtener cosechas abundantes todos los años. Durante las etapas de crecimiento y producción, los frutales extraen del suelo diversos minerales necesarios para la formación de madera, hojas, órganos florales y frutos.

Para preservar la fertilidad del suelo y compensar el déficit en elementos consumidos, proceda a un abonado anual de mantenimiento con un abono completo (N, P, K)* especial para árboles frutales.

Este proceso de fertilización puede completarse con ayuda de materias orgánicas: por ejemplo, el estiércol seco, muy conveniente para las plantas más «comilonas», como son los arbustos frutales. Este estiércol se aplicará al pie de las plantas, justo hasta la vertical de las ramas, a finales del invierno, inmediatamente antes de que comience el periodo de desarrollo de la vegetación.

El cuidado del suelo

Es indispensable remover el suelo todos los años alrededor de los ár-

boles. Aproveche la ocasión para realizar el abonado sugerido antes. Hay que proceder con mucho cuidado, porque algunos frutales tienen numerosas raíces superficiales que se extienden a ras del suelo. Lo más prudente es remover la tierra con una azadilla o una pequeña laya de tres dientes, sin profundizar más que unos centímetros. De esta manera evitará dañar las raíces o seccionar las radículas.

La limpieza de malas hierbas

No hay que obviar nunca esta operación, sobre todo al pie de los árboles jóvenes, para evitar la competencia de las malas hierbas. Es especialmente importante en las especies y variedades de arraigo superficial.

Para mantener el suelo libre de malas hierbas puede:

- arrancarlas manualmente o con una escardadera, sin profundizar mucho en las especies de raíces superficiales;
- emplear herbicidas, con cautela y siguiendo las instrucciones del fa-

(*) N: nitrógeno; P: ácido fosfórico; K: potasio.

bricante. Utilice un pulverizador exclusivamente para desherbar; debe tener en la lanza un protector que impida que pulverice las plantas que desea conservar. Use productos de calidad, homologados para frutales, y respete las dosis indicadas en el envase, así como el periodo de aplicación.

Los tratamientos fitosanitarios

Es difícil no recurrir a ellos cuando se cultivan frutales. No obstante, si logra identificar a los distintos enemigos que cada año atacan a sus árboles, la intervención será menos frecuente. Así, no sólo podrá emprender una lucha preventiva, sino combatirlos durante el periodo de reposo vegetativo.

- **Contra las enfermedades** (oídio, moniliosis...): pulverice con una solución de cobre en otoño, justo antes de la caída de las hojas, y hacia finales de febrero, antes de que se produzca el engrosamiento de yemas y brotes.
- **Contra los insectos y los ácaros:** después de las heladas, use un tratamiento invernal con aceites blancos para destruir puestas y larvas, que pasan la estación ocultas en la corteza.

Durante el periodo vegetativo (primavera y verano), use sobre todo métodos de lucha mecánicos o naturales. Ensaque los frutos y coloque «trampas sexuales» (utilizando, por ejemplo, feromonas) o cebos atractivos. Retire y queme los frutos momificados o agusanados y todos los restos de la poda. Si se ve obligado a recurrir a un tratamiento, es mejor intervenir cuanto antes y optar por productos a base de extractos vegetales. Debe siempre respetar el plazo de seguridad antes de la recogida.

El acolchado orgánico

El acolchado orgánico está compuesto de materias de origen natural, como estiércol y paja, que reducen la fastidiosa tarea del escardado. Extendiendo una capa

Elección del tratamiento adecuado

Hay que procurar no equivocarse de producto cuando se trata de combatir una plaga. Para enfrentarse a las enfermedades criptogámicas, causadas por hongos, emplee fungicidas. Para erradicar los insectos, recurra a los insecticidas. Y para desembarazarse de los ácaros, escoja acaricidas.
Algunas casas especializadas ofrecen productos combinados con acción fungicida-insecticida, o insecticida-acaricida.

¡Precaución!

Los productos fitosanitarios, incluso los naturales o los menos peligrosos, han de ser manipulados con suma precaución. Se deben almacenar bajo llave en un lugar cerrado, seco y ventilado, a una altura que esté fuera del alcance de los niños y en su embalaje original. Se deben seguir al pie de la letra las indicaciones del producto y respetar las dosis prescritas. Y no hay que pasar por alto las medidas de protección: utilice un par de guantes, un mono desechable o un pantalón y una chaqueta impermeables, unas botas, una máscara provista de mecanismo filtrante y unas gafas.

gruesa (de al menos 5 cm) sobre todo al pie de los arbustos (groselleros negro y rojo, frambuesos...). Tendrá que renovar esta capa con regularidad. El acolchado no sólo limita el crecimiento de las malas hierbas, sino que, además, permite que la tierra mantenga un grado de humedad beneficioso para las raíces superficiales, al ser menor la evaporación en la superficie del suelo. Se puede emplear paja o hierba segada, cáscara de lino o cortezas de pino.

Cómo leer las fichas

Dificultad de cultivo:
★ fácil
★★ delicado
★★★ muy delicado

Nombre del árbol

Nombre científico

Fotografía para identificar el fruto

★★

Melocotonero
Prunus persica

Cuándo y cómo cultivar
un melocotonero de crecimiento libre

En regiones cálidas, se planta ya formado (pie alto o medio). En otras zonas se cultiva en espaldera, protegido por un muro bien orientado (al sur o suroeste), aunque no se garantiza el resultado. Prefiere suelos profundos, ligeros y frescos.

Plantación
de un melocotonero a raíz desnuda

Plantación
Noviembre-finales de marzo
Poda
Crecimiento libre: en noviembre; palmetas: en febrero-marzo, cuando empiezan a ser visibles los frutos y tras la recogida
Recogida
De mediados de junio a finales de septiembre (según variedades)
Distancia entre plantas
3,50-4 m (crecimiento libre); 4-5 m (palmetas)
Floración
Finales de febrero a marzo-abril

Tres meses antes de plantar
Cavar un hoyo de 1 m de lado y 80 cm de profundidad para mullir bien el suelo. Hundir en el fondo un tutor (1 m más largo que el tronco). Añadir a la tierra extraída un abono completo para frutales y rellenar el hoyo sin apisonar.

138

El abc de los árboles frutales

Ficha técnica: periodo de plantación, poda, recogida, floración, distancias entre los árboles...

Los árboles frutales
de la A a la Z

★★

Albaricoquero

Prunus armeniaca

El albaricoquero resiste el frío intenso (hasta -20/-30 °C), pero los brotes tempranos y las flores son muy sensibles a las heladas primaverales. Hay que plantarlo en una posición soleada. No le gustan los suelos arcillosos ni los compactos y demasiado húmedos.

Plantación
Noviembre-finales de marzo
Poda
Noviembre-finales de marzo (crecimiento libre); en febrero-marzo y tras la recogida (en espaldera)
Recogida
De julio a agosto
Distancia entre plantas
7 m (pie alto y medio); 5 m (pie bajo y en espaldera)
Floración
De finales febrero a finales de marzo

Cuándo y cómo cultivar un albaricoquero de crecimiento libre

Plantación

de un albaricoquero a raíz desnuda

TRES MESES ANTES DE PLANTAR

Cavar un hoyo de 1 m de lado y 80 cm de profundidad para mullir el suelo. Clavar un tutor (1 m más largo que la altura del tronco) en el fondo del agujero. Añadir a la tierra extraída un abono de fondo. Rellenar sin apisonar.

Qué forma escoger

1

pie alto: 1,50 a 2 m *pie medio: 1 a 1,50 m* *pie bajo: 30 a 80 cm*

En zonas cálidas es mejor optar por árboles de crecimiento libre y ya formados (de **pie alto, medio** o **bajo**) con al menos seis ramas maestras.

En regiones frías o con heladas frecuentes en primavera, es mejor colocar las plantas en espaldera a lo largo de un muro bien orientado (al sureste o el suroeste) y rematado por un tejadillo.

Se puede crear una **palmeta en abanico** a partir de un plantón (arbolito frutal injertado el año anterior que sólo cuenta con un tallo principal).

2

Plantación
de un albaricoquero a raíz desnuda

EN EL MOMENTO DE PLANTAR

Cavar un hoyo algo mayor que las raíces formando en el fondo una montañita. Cortar las raíces dañadas y la punta de las otras. Recortar un tercio de las ramas maestras. Podar el resto de las ramas por encima de la segunda yema a partir de la base. Empapar las raíces en una mezcla de tierra de jardín y agua que tenga la consistencia de barro espeso.

Colocar un palo bien recto de través sobre el agujero: el punto de injerto debe quedar por encima. Añadir tierra si es necesario. Extender las raíces alrededor de la zona elevada del fondo. Rellenar el hoyo sin apisonar con el pie. Formar un pequeño alcorque y regar. Sujetar el tronco al tutor.

Plantación

de un albaricoquero comprado en maceta

Variedades recomendadas

'Ampuis', 'Antones', 'Bergeron', 'Búlida', 'Canino', 'Doucœur', 'Luizet', 'Moniquí', 'Nancy', 'Paviot', 'Polaco', 'Rojo del Roussillon', 'Rojo Tardío Delbard', 'Royal'.

Preparar el suelo como para un albaricoquero con las raíces desnudas En el momento de plantar, meter en agua la maceta antes de sacar la planta. Cavar un agujero algo mayor que el cepellón. Poner éste en el fondo: la parte superior debe quedar al nivel del suelo. Rellenar el hoyo y presionar la tierra en torno al cepellón. Formar un pequeño alcorque y regar. Podar las ramas como se indicó para el albaricoquero a raíz desnuda.

Poda

Cada tres o cuatro años, recortar las puntas de las ramas entre 10 y 15 cm. Suprimir las ramas muertas, las que hayan dejado de dar fruto y las que crezcan hacia el interior del árbol.

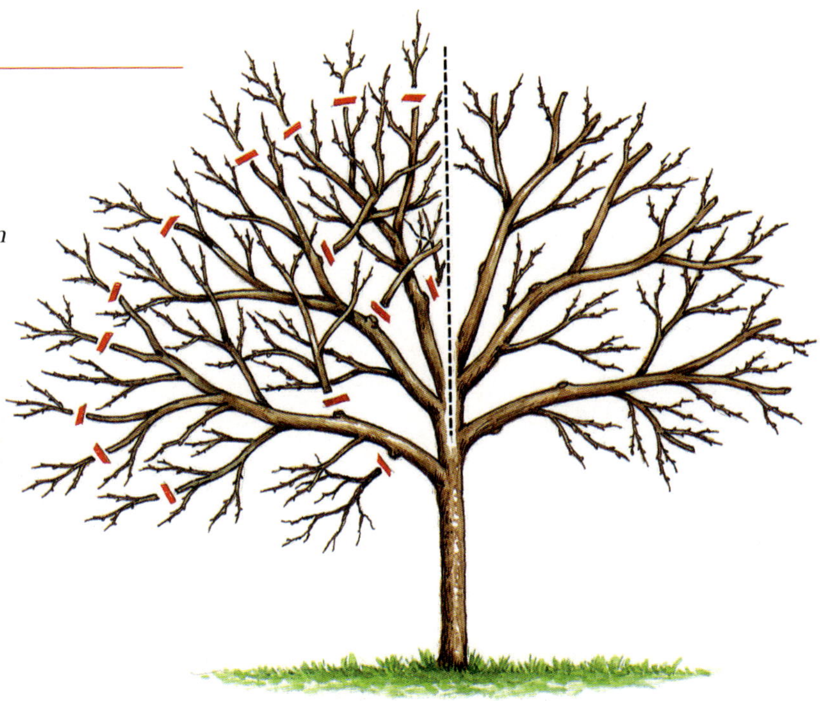

Después de podar una rama de cierto grosor (más de 3-5 cm de diámetro), alisar bien el corte con la navaja y cubrirlo con una buena cantidad de masilla cicatrizante. Así se favorece la cicatrización y se evita que se produzcan secreciones viscosas.

Mantenimiento

Eliminar las malas hierbas del pie del albaricoquero. Pulverizar un herbicida a base de glifosato sobre las malas hierbas vivaces o bien aplicar un producto para evitar que broten justo después de trabajar ligeramente el suelo en primavera.

Cuándo y cómo cultivar
un albaricoquero en palmeta en abanico

Plantación

TRES MESES ANTES DE PLANTAR

Instalar contra el muro una estructura fabricada con materiales comprados en vivero: travesaños de hierro planos sujetos al muro, alambre, tensores y listones de 1,5 x 1,5 cm que se colocarán cada 10 cm.

Cavar al pie de la estructura una zanja de 60 cm de ancho y otro tanto de profundidad, de la longitud deseada. Añadir a la tierra extraída un abono de fondo especial para árboles frutales. Rellenar de nuevo sin apisonar.

Plantación

EN EL MOMENTO DE PLANTAR

Cavar un hoyo de un tamaño apenas superior al de las raíces del plantón a unos 30 cm del muro. Plantar como si se tratase de un árbol de crecimiento libre e inclinar ligeramente el plantón hacia la armadura. Podar el tallo principal a 30 cm del suelo, por encima de la segunda yema claramente visible a partir de la base y situada en un costado.

Poda

UN AÑO DESPUÉS DE LA PLANTACIÓN

A finales del invierno, eliminar dos tercios de dos de las ramas maestras (ramas de primer orden, las de mayor diámetro). Podar el resto por encima de la segunda yema bien visible a partir de la base.

En años sucesivos, hay que seguir dándole forma de palmeta al árbol a base de podar dos tercios de todas las ramas más gruesas hasta cubrir toda la superficie del muro.

Identificación de los órganos del albaricoquero

Una yema leñosa evolucionará de diferente forma según la cantidad de savia que reciba.

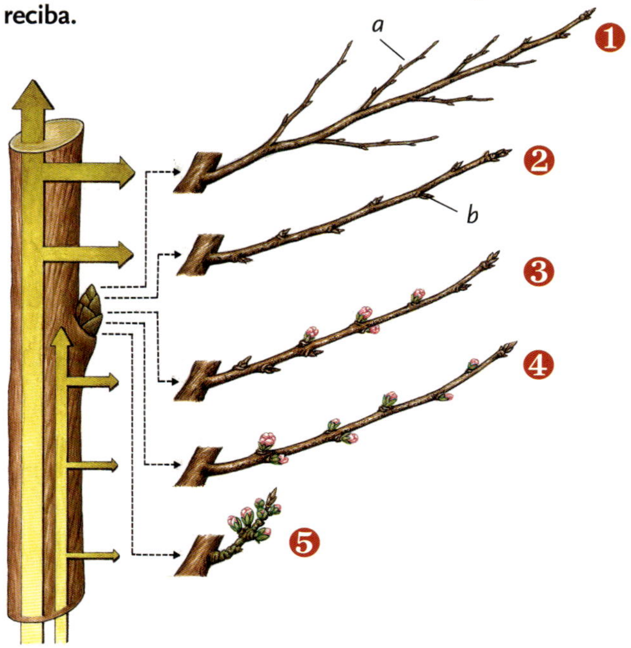

❶ Chupón
Llamado también rama golosa, es una rama de madera muy vigorosa que produce ramificaciones desde el primer año *(a)*.

❷ Rama de madera
Sólo posee **yemas de madera** *(b)*, puntiagudas y finas, de las que surgirán el verano siguiente otras ramificaciones. Si es de vigor medio, una poda apropiada la transformará en rama fértil. Si es muy vigorosa y produce ramificaciones desde el primer año, se trata de un chupón.

❸ Rama mixta
Posee **yemas de madera,** alargadas y puntiagudas, que aseguran el reemplazo, y **botones florales** redondos, que producen frutos. Las diferentes yemas pueden nacer aisladas o en grupos de 2 o 3 (yemas dobles o triples). Un mismo punto de inserción puede incluir yemas de madera y botones florales.

❹ Rama fructífera
Mide entre 15 y 30 cm. Posee **botones florales** y acaba en una **yema de madera terminal.**

❺ Rama florífera o ramúsculo
Es similar a la anterior, pero más corta (de 2 a 5 cm) y cuenta con 5 o 6 **botones florales** y una **yema de madera terminal.**

Poda

TODOS LOS AÑOS

En febrero

Cuando empiezan a asomar los pétalos rosados, podar todas las ramas de madera por encima de la cuarta o quinta yema a partir de su base.

Hay que identificar las ramas fructíferas (las que contienen sólo botones florales) y respetarlas.

Cortar las ramas mixtas por encima del quinto o sexto botón floral a partir de la base. Conservar dos yemas de madera por rama, lo más cerca posible de la rama maestra.

Conservar un máximo de tres en las ramas floríferas.

Eliminar las ramas que produzcan cada vez menos botones florales en esta época. Conservar en la base de la ramificación una rama de madera. Podarla por encima de la segunda yema de madera, lo más cerca posible de la rama maestra.

Entre finales de abril y principios de mayo

Cuando los frutos de una rama productiva tengan el grosor de una nuez, podarla por encima del tercer o del quinto grupo de frutos. No cortar las dos ramas situadas en su base; hay que atarlas a los listones: reemplazarán a la rama productiva el año siguiente. Conservar un fruto por grupo (el más grueso y mejor formado) y eliminar el resto. Podar por encima de la tercera-cuarta hoja desde la base las ramas que crezcan en el mismo lugar que los frutos. Eliminar el resto de los brotes.

Después de la recogida

Podar la rama productora de frutos justo por encima de la segunda ramificación a partir de la base. Según vayan creciendo, sujetar a los listones las dos ramificaciones de la base, que reemplazarán más adelante a la rama cortada.

Mantenimiento

En marzo, trabajar ligeramente la tierra de la base de la espaldera con cuidado de no dañar las raíces superficiales. Incorporar un abono completo especial para árboles frutales y estiércol seco.

Durante el periodo de crecimiento vegetativo, sujetar las ramas a la estructura dándoles forma de abanico.

Como en el caso del albaricoquero de crecimiento libre, eliminar las malas hierbas y mantener limpio el pie del árbol. Pulverizar con un herbicida total a base de glifosato las malas hierbas vivaces, o aplicar un producto para evitar que broten justo después de trabajar ligeramente el suelo en primavera.

Si las noches son frescas o se producen heladas matinales al comienzo de la floración, poner delante de la espaldera una cortina de tela de saco (yute) y correrla durante la noche.

Hay que vigilar la planta y atajar los parásitos y enfermedades apenas se detecten, ya que podrían afectar a su correcto desarrollo.
– Enfermedades (tratamiento fungicida): moniliosis y corineo o mal de munición.
– Insectos (tratamiento insecticida): mosca de la fruta.

Recogida

Recolectar los albaricoques cuando estén blandos al tacto y bien coloreados. Recogerlos cada dos o tres días, antes de que maduren por completo, para evitar que se arruguen y que la carne adquiera una textura algodonosa. Se conservan de 15 a 20 días a una temperatura en torno a 3 °C.

★★

Almendro

Prunus dulcis

Al almendro le gustan el sol y los suelos calizos, secos, profundos y muy permeables. Las flores se resienten de las heladas (a partir de -2 °C). En zonas templadas, cultivarlo en crecimiento libre. En otras regiones puede cultivarse en espaldera.

Plantación
De noviembre a marzo

Poda
De noviembre a finales de marzo (crecimiento libre); de febrero a marzo y tras la recogida (en palmeta)

Recogida
En julio-agosto (fruto verde); 15 septiembre-final octubre (fruto seco, según variedades)

Distancia entre plantas
3,50-4 m (crecimiento libre); 4-5 m (en palmeta)

Floración
De finales de febrero hasta marzo-abril

Cuándo y cómo cultivar un almendro de crecimiento libre

Plantación

de un almendro a raíz desnuda

TRES MESES ANTES DE PLANTAR

Cavar un hoyo de 1 m de lado y 80 cm de profundidad. Clavar un tutor (1 m más largo que la altura del tronco) en el fondo del agujero. Añadir un abono especial para frutales a la tierra extraída. Rellenar el hoyo sin apisonar.

Qué forma escoger

pie medio

plantón

En zonas cálidas se optará por un **árbol de pie medio** con al menos cinco ramas maestras (de primer orden).

En zonas frías cultivarlo en **palmeta en abanico** plantado en espaldera (apoyado contra un muro). Entonces debe partirse de un plantón.

Variedades recomendadas

'Aï', 'All In One', 'Antoñeta', 'Blanquerna', 'Cambra', 'Desmayo Largueta', 'Felisia', 'Ferraduel', 'Ferragnes', 'Glorieta', 'Guara', 'Lauranne', 'Marcona', 'Marijo', 'Marta', 'Masbovera', 'Texas'.

Plantación

de un almendro a raíz desnuda

EN EL MOMENTO DE PLANTAR

Cavar un hoyo de un tamaño ligeramente superior al de las raíces del árbol. Eliminar las que estén dañadas y recortar las otras unos centímetros. Empaparlas en una mezcla de tierra de jardín y agua con consistencia de barro espeso.

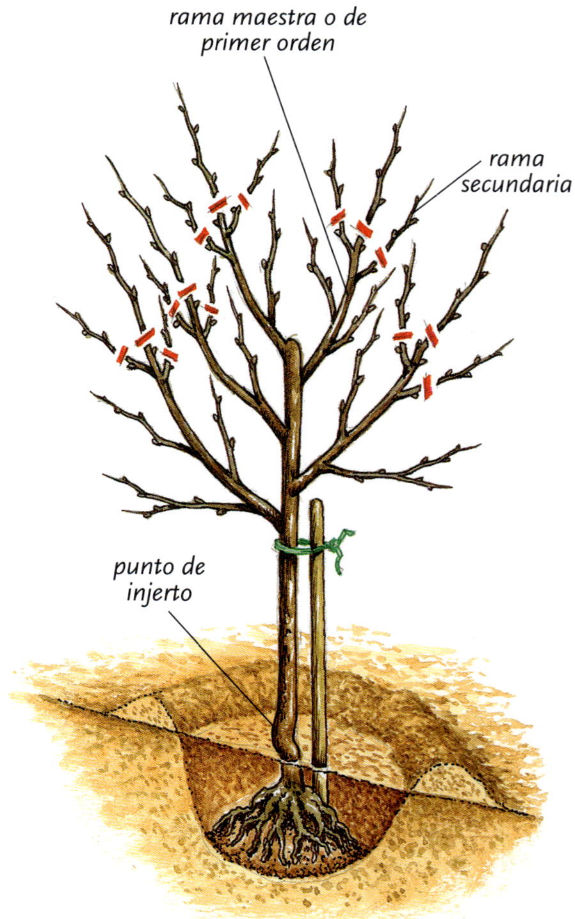

Recortar un tercio las ramas maestras por encima de una yema orientada hacia fuera. Cortar las ramas jóvenes situadas 20-25 cm por debajo de esos cortes y por encima de la primera yema a partir de su base.
Con ayuda de un palo recto colocado de través en el hoyo, comprobar que el punto de injerto queda por encima de la tierra. Añadir más tierra si es necesario.
Hacer una montañita de tierra en el fondo del hoyo y extender las raíces. Rellenar sin apisonar con el pie. Preparar un alcorque y regar. Atar el tutor al tronco.

Plantación

de un almendro comprado en maceta

Preparar el suelo igual que para un árbol a raíz desnuda. Introducir el tiesto en agua antes de sacar la planta. Cavar un hoyo ligeramente mayor que el cepellón. Depositar éste en el fondo: la parte de arriba debe quedar a nivel del suelo. Rellenar y apisonar bien. Hacer un alcorque y regar.
Podar las ramas como en el caso anterior. Clavar al lado un tutor inclinado en dirección contraria a la de los vientos dominantes para sujetar el árbol durante el primer año.

Poda

Cada tres años eliminar las ramas muertas, las que se hayan vuelto improductivas y los chupones. Podar las ramas maestras por encima de las ramas jóvenes situadas lo más cerca posible del centro del árbol.

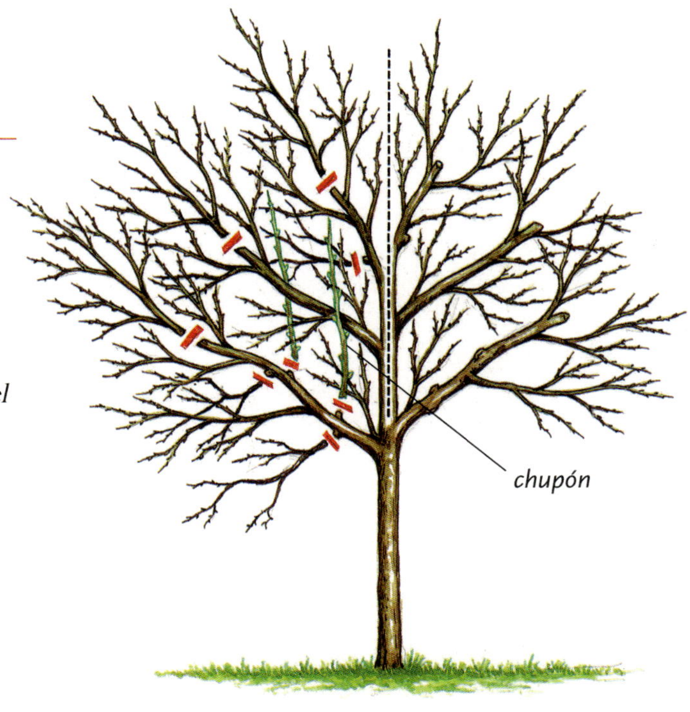

No olvidar que hay que aplicar masilla cicatrizante en los cortes de cierta importancia.

Mantenimiento

Los cinco primeros años hay que mantener limpia la tierra al pie del árbol. Pulverizar un herbicida total a base de glifosato sobre las malas hierbas vivaces o aplicar un producto que impida la germinación después de trabajar ligeramente el suelo en primavera.

Cuándo y cómo cultivar un almendro en palmeta en abanico

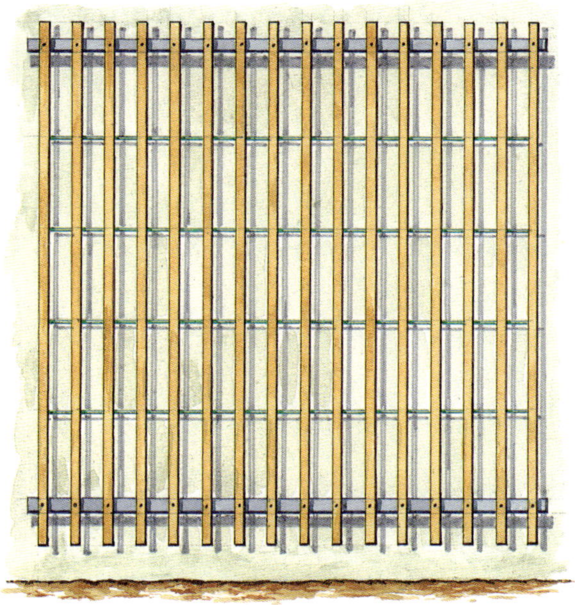

Plantación

TRES MESES ANTES DE PLANTAR

Instalar sobre la pared elegida una estructura hecha de travesaños de hierro planos sujetos al muro, alambre y listones de 1,5 x 1,5 cm, que se colocarán cada 10 cm (a la venta en viveros).
Justo debajo de la espaldera, cavar una zanja de 60 cm de ancho y otro tanto de profundidad. Añadir a la tierra extraída un abono completo especial para frutales. Rellenar la zanja sin apisonar.

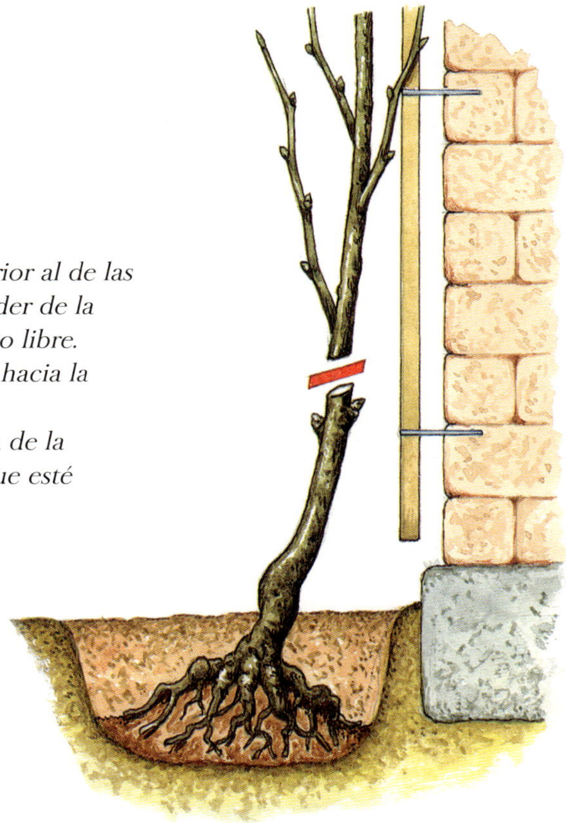

EN EL MOMENTO DE PLANTAR

Hacer un agujero de tamaño ligeramente superior al de las raíces del plantón a 30-40 cm del muro. Proceder de la misma manera que con un árbol de crecimiento libre. Inclinarlo un poco para poder dirigir las ramas hacia la espaldera.
Podar el plantón a 30 cm del suelo por encima de la segunda yema bien visible a partir de la base que esté orientada hacia un lateral.

Identificación de los órganos del almendro

Una yema leñosa evolucionará de diferente forma según la cantidad de savia que reciba.

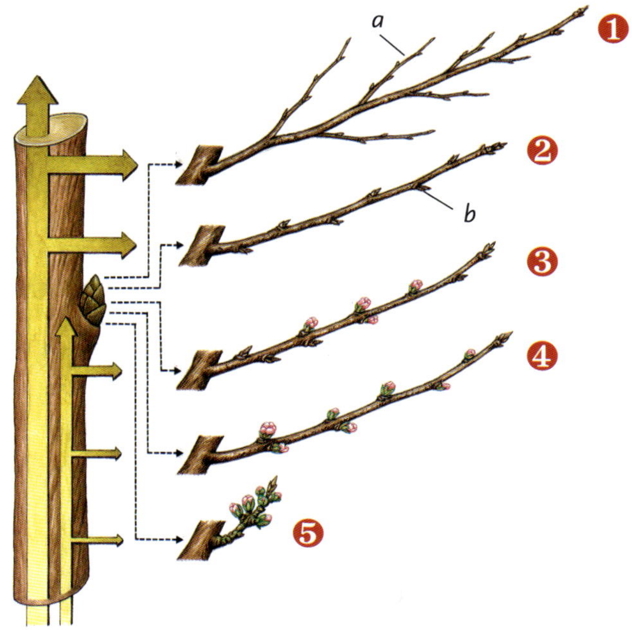

1 Chupón
Llamado también rama golosa, es una rama de madera muy vigorosa que produce ramificaciones desde el primer año *(a)*.

2 Rama de madera
Sólo posee **yemas de madera** *(b)*, puntiagudas y finas, de las que surgirán el verano siguiente otras ramificaciones. Si es de vigor medio, una poda apropiada la transformará en rama fértil. Si es muy vigorosa y produce ramificaciones desde el primer año, se trata de un chupón.

3 Rama mixta
Posee **yemas de madera,** alargadas y puntiagudas, que aseguran el reemplazo, y **botones florales** redondos, que producen frutos. Las diferentes yemas pueden nacer aisladas o en grupos de 2 o 3 (yemas dobles o triples). Un mismo punto de inserción puede incluir yemas de madera y botones florales.

4 Rama fructífera
Mide entre 15 y 30 cm. Posee **botones florales** y acaba en una **yema de madera terminal.**

5 Rama florífera o ramúsculo
Es similar a la anterior, pero más corta (de 2 a 5 cm) y cuenta con 5 o 6 **botones florales** y una **yema de madera terminal.**

Hay que vigilar la planta y atajar los parásitos y enfermedades apenas se detecten, ya que podrían afectar a su correcto desarrollo.
– Enfermedades (tratamiento fungicida): oídio, chancro del melocotonero, moniliosis, corineo o mal de munición, mancha.
– Insectos (tratamiento insecticida): pulgón verde, negro y lanígero, gorgojo del abedul.
– Ácaros (tratamiento acaricida): araña roja.

Poda

UN AÑO DESPUÉS DE PLANTAR

A finales del invierno

Cortar dos tercios de las dos ramas maestras que se hayan desarrollado. Podar las otras ramas por encima de la segunda yema bien visible a partir de su base.

TODOS LOS AÑOS

En febrero o marzo

Cuando empiezan a aparecer los pétalos rosados en el extremo de los botones florales entreabiertos, podar todas las ramas de madera por encima de la segunda yema bien visible a partir de su base.

Podar también las ramas mixtas por encima del cuarto o quinto grupo de flores a partir de la base. Conservar una o dos yemas de madera por rama (situadas lo más cerca posible de la rama maestra).

Poda

De finales de abril a principios de mayo
Cuando los frutos de una rama productiva hayan crecido, podar el extremo por encima de la tercera o cuarta hoja y atar a los listones las dos ramas más cercanas a la base. Conservar sólo unos diez frutos por rama (aclareo). Cortar las ramas que crezcan en el mismo lugar que los frutos por encima de la tercera o cuarta hoja a partir de su base. Suprimir los brotes que no posean frutos.

Tras la recogida
Cortar la rama que haya dado frutos justo por encima de la segunda ramificación más próxima a la rama maestra, de modo que ganen vigor esas dos ramas, que el año siguiente sustituirán a la cortada.

Mantenimiento

En marzo, trabajar ligeramente el suelo al pie de la palmeta con cuidado de no dañar las raíces superficiales. Al mismo tiempo, añadir un abono completo especial para árboles frutales (respetando las cantidades indicadas en el paquete) junto con estiércol seco.

Durante el desarrollo vegetativo, unir las ramas a la espaldera dando al árbol forma de abanico. Para evitar romper las ramas, realizar esta operación sólo cuando dé bien el sol, porque entonces la savia está en movimiento.

Mantenimiento

En primavera, con el inicio de la floración, instalar una cortina delante de la espaldera. Hay que correrla por la noche para proteger el almendro de las heladas matinales.

Como en el caso del almendro cultivado en crecimiento libre, hay que mantener el pie de la planta libre de malas hierbas. Pulverizar un herbicida a base de glifosato sobre las malas hierbas vivaces o aplicar un producto antigerminante justo después de haber trabajado ligeramente la tierra en primavera.

Recogida

Los frutos se pueden cosechar a partir del segundo año tras la plantación, entre julio y agosto (frutos verdes).
Para el consumo inmediato, recoger las almendras a mano antes de su maduración, cuando aún tienen un color verde intenso.

Conservación

Para conservar los frutos, esperar a que se entreabra la envoltura carnosa de color verde grisáceo que rodea la almendra (mesocarpo); esto ocurrirá entre mediados de septiembre y finales de octubre. Si el tiempo es seco, extender lonas bajo el árbol y sacudir las ramas para que caigan los frutos maduros.

Extender los frutos en cajas o cestos (en una sola capa). Dejarlos secar unos días y separar la almendra del mesocarpo. A continuación guardar en cestas las almendras (que son en realidad el hueso del fruto) y conservarlas en un lugar fresco y bien ventilado.

Avellano

Corylus avellana

Cuándo y cómo cultivarlo

El avellano se da bien hasta los 1.500 m de altitud. Tolera el frío hasta -20 °C, pero sus amentos resultan afectados a partir de -8 °C. Hay que elegir un emplazamiento bien aireado y, a ser posible, soleado. Este árbol prefiere los suelos ácidos y frescos, pero puede adaptarse a todo tipo de terrenos, incluso a los calizos.

Plantación
De noviembre a finales de marzo
Poda
De febrero a finales de marzo
Recogida
De finales de agosto a octubre
Distancia entre plantas
5 m
Floración
A partir de finales de enero (flores masculinas); febrero-marzo (flores femeninas)

Plantación

de un avellano a raíz desnuda

Tres meses antes de plantar

Cavar un hoyo de 80 cm en todos los sentidos para mullir el suelo en profundidad. Incorporar a la tierra extraída un abono completo para frutales. Rellenar el hoyo sin apisonar.

Qué forma escoger

El avellano se cultiva en forma de **mata arbustiva.** Se vende en matas de tres a cinco ramas, con las raíces desnudas o en maceta.

Variedades recomendadas

'Amandi', 'Aveline del Piamonte', 'Bergeri', 'Butler', 'Casina', 'Cosford', 'Ennis', 'Espinaredo', 'Fértil de Coutard', 'Gironella', 'Grande', 'Imperial de Trebisonda', 'Larga de España', 'Maravilla de Bollwiller', 'Negreta', 'Osu 43-58', 'Pauetet', 'Púrpura', 'Quirós', 'Segorbe', 'Tonde di Gilfoni'.

Un avellano contiene flores masculinas (amentos) y femeninas (glomérulos rojizos). Sin embargo, la polinización de las flores femeninas por parte de las masculinas en un mismo árbol no es suficiente para garantizar una buena cosecha, ya que ambos tipos de flores se abren con un ligero margen de diferencia. Se aconseja plantar al menos dos avellanos de variedades diferentes para obtener frutos en abundancia (*véase* pág. 10).

Plantación

de un avellano a raíz desnuda

EN EL MOMENTO DE PLANTAR

Cavar un hoyo ligeramente mayor que las raíces del arbusto. Cortar las que estén dañadas o partidas, y recortar el resto. Introducirlas en una «papilla» de tierra de jardín y agua para favorecer un mejor arraigo. Podar un tercio de las ramas maestras.

Comprobar el nivel colocando un palo recto sobre el agujero: el punto de inserción de las raíces debe sobresalir ligeramente. Añadir tierra en caso necesario. Formar un pequeño montón en el fondo y extender alrededor las raíces. Rellenar presionando bien. Hacer un alcorque y regar.

Plantación

de un avellano comprado en maceta

Preparar el suelo como en el caso anterior. En el momento de plantar, introducir el tiesto en agua. Cavar un hoyo de tamaño ligeramente mayor que el del cepellón y colocar éste en el fondo: la superficie superior debe sobresalir un poco. Rellenar presionando bien. Hacer un alcorque y regar. Podar de la misma manera que en el caso de un avellano a raíz desnuda.

Poda

Cada cinco años, eliminar las ramas gruesas que se hayan vuelto improductivas con el fin de conservar en cada avellano sólo diez ramas vigorosas y productivas. Eliminar los chupones (de crecimiento casi vertical) del centro del arbusto, las ramas que se entrecrucen y las más débiles de la base.

No hay que olvidarse de extender masilla cicatrizante cubriendo los cortes más considerables (de más de 3 cm de diámetro).

Mantenimiento

Cada primavera hay que trabajar el suelo al pie del avellano y añadir un abono completo especial para árboles frutales.

Hay que mantener limpio el suelo al pie de los avellanos jóvenes. Pulverizar las malas hierbas vivaces con un herbicida total a base de glifosato o aplicar un herbicida antigerminante después de trabajar el suelo en primavera.

Hay que vigilar la planta y atajar los parásitos y enfermedades apenas se detecten, ya que podrían afectar a su desarrollo.
– Enfermedades (tratamiento fungicida): antracnosis.
– Insectos (tratamiento insecticida): pulgón verde, gusano del avellano.
_ Ácaros (tratamiento acaricida): gorgojo del avellano.

Recogida

Recoger las avellanas a partir de finales de agosto para su consumo inmediato. Desprenderlas delicadamente del árbol con su envoltura verde (mesocarpo) según se vayan necesitando.

Debido a la aparición escalonada sobre el mismo pie de las flores masculinas y femeninas, es indispensable plantar distintas variedades para garantizar una buena fecundación y obtener una cosecha abundante (*véase* pág. 10)

Conservación

Para conservar las avellanas dos o tres meses hay que recogerlas cuando estén secas (entre septiembre y octubre, según las variedades): la parte superior adopta un color marrón y se desprenden con facilidad. Dejarlas secar una o dos semanas al aire libre y protegidas del sol. Guardarlas en un lugar seco.

★★

Caqui

Diospyros kaki

Cuándo y cómo cultivarlo

El caqui es un árbol frutal muy rústico que resiste temperaturas de entre -15 y -20 °C. Así pues, se puede plantar incluso en zonas frías. Sin embargo, necesita calor durante el otoño para que sus frutos maduren. Hay que buscarle un emplazamiento soleado, con un suelo profundo, bien drenado y no calizo.

Plantación

de un caqui a raíz desnuda

TRES MESES ANTES DE PLANTAR

Cavar un hoyo de 1 m de lado y 80 cm de profundidad para mullir el suelo. Clavar un tutor (1 m más alto que el tronco) en el fondo del agujero. Añadir a la tierra extraída un abono completo especial para frutales. Rellenar sin apisonar.

Plantación
De noviembre a marzo

Poda
Noviembre-finales de febrero

Recogida
De noviembre a principios de diciembre

Distancia entre plantas
7 m

Floración
De mayo a junio

Qué forma escoger

El caqui se cultiva en crecimiento libre en forma de **pie alto o medio.** Puede adquirirse con las raíces desnudas o en maceta.

Variedades recomendadas

'Costata', 'Fuyu', 'Gordo', 'Hachiya', 'Izu', 'Jiro', 'Kushillama', 'Muscat', 'Nishimura Wase', 'Rojo Brillante', 'Sharon', 'Tanenashi', 'Tomatero'.

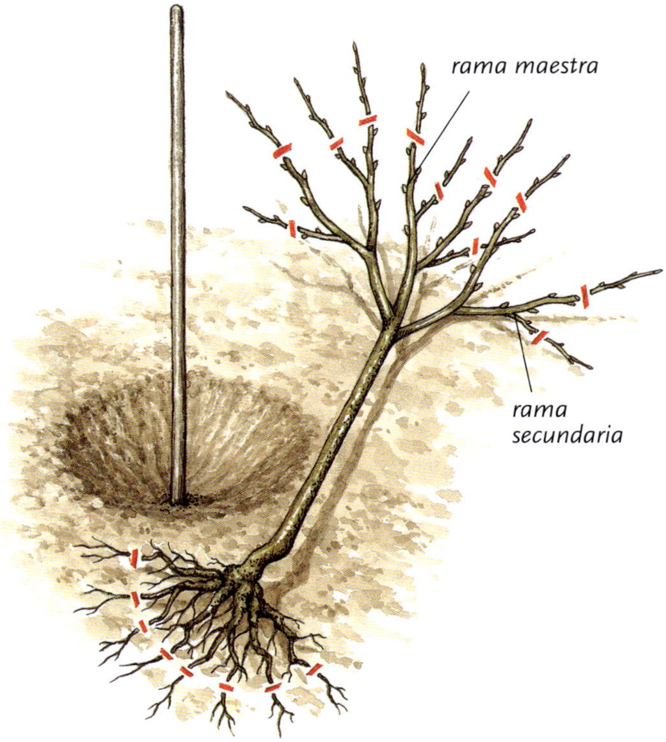

Plantación

de un caqui a raíz desnuda

EN EL MOMENTO DE PLANTAR

Cavar un hoyo de tamaño ligeramente superior al de las raíces. Suprimir las que estén partidas o dañadas, y recortar las otras. Podar un tercio de la longitud de las seis ramas maestras. Recortar las demás ramitas por encima de la segunda yema a partir de su base.

Sumergir las raíces en una «papilla» de tierra y agua para lograr un buen arraigo.

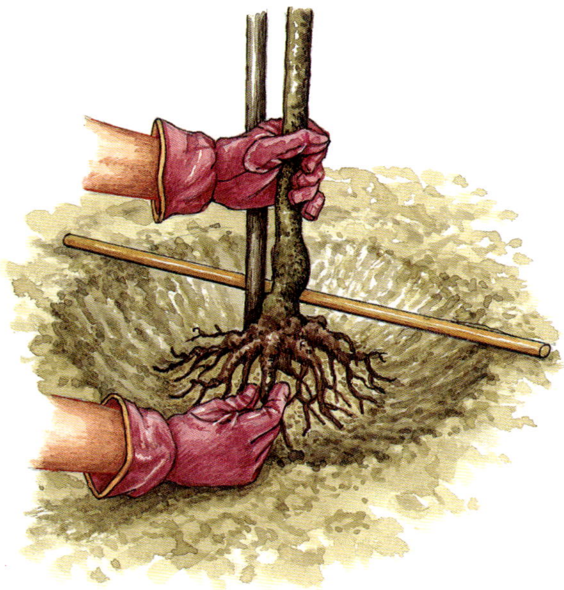

Con ayuda de un palo recto, comprobar que el punto de injerto de la base del tronco quede por encima del suelo. Añadir más tierra si es necesario. Formar en el fondo del hoyo una montañita y extender encima las raíces. Rellenar con tierra sin apisonar. Hacer un alcorque y regar. Atar el tronco del árbol al tutor.

Plantación

de un caqui comprado en maceta

Preparar el suelo como en el caso anterior. En el momento de plantar, sumergir el tiesto en agua. Cavar un hoyo algo mayor que el tamaño del cepellón. Situar éste en el fondo: la parte superior debe sobresalir ligeramente del suelo. Rellenar apisonando bien la tierra. Preparar un alcorque y regar.
Podar las ramas de la misma manera que en el caso de un caqui a raíz desnuda.

Poda

Cada tres o cuatro años, entre noviembre y finales de febrero, eliminar las ramas muertas y las que crezcan hacia el centro del árbol. Recortar por la mitad las ramas que se conserven.

Con una navaja de podar bien afilada, igualar los cortes de mayor diámetro (más de 3 cm) y después recubrirlos con masilla cicatrizante.

Mantenimiento

Mantener limpio de malas hierbas el suelo al pie del árbol. En primavera, pulverizar un herbicida total a base de glifosato sobre las malas hierbas.

Hay que vigilar la planta y atajar los parásitos y enfermedades apenas se detecten, ya que podrían afectar a su correcto desarrollo.

– Enfermedades (tratamiento fungicida): enfermedad del cuello.

– Insectos (tratamiento insecticida): mosca de la fruta, cochinilla lanígera.

Recogida

Los frutos se recogen entre noviembre y diciembre, cuando adquieren un tono anaranjado. Las variedades «modernas» deben consumirse de inmediato.

La pulpa de las variedades tradicionales es astringente. Antes de consumirlos, hay que guardar los frutos de dos a tres semanas sobre un lecho de paja en un sitio fresco. Una vez maduros, tendrán color amarillento y la pulpa estará blanda y dulce.

Conservación

Si se recogen los frutos con una parte de la rama en la que crecen, se pueden conservar hasta Navidad. Se arrugarán un poco, pero no se alterará su sabor.

★★

Castaño

Castanea sativa

Cuándo y cómo cultivarlo

El castaño crece de manera espontánea hasta los 800 m de altitud (1.200 m en zonas cálidas). Su floración, tardía y sensible a las heladas primaverales, no permite su cultivo en regiones demasiado frías. Hay que buscarle una posición sombreada en un suelo arenoso y bien drenado que no sea calizo.

Plantación
De noviembre a finales de marzo

Poda
De noviembre a finales de marzo

Recogida
De mediados de septiembre a mediados de noviembre (según variedades y regiones)

Distancia entre plantas
De 10 a 15 m

Floración
De mayo a junio

Plantación

de un castaño a raíz desnuda

TRES MESES ANTES DE PLANTAR

Excavar un agujero de 1 m de lado y 80 cm de profundidad para mullir el suelo. Clavar un tutor (1 m más alto que el tronco) en el fondo. Añadir a la tierra extraída un abono completo para árboles frutales. Rellenar el hoyo sin apisonar.

Qué forma elegir

Sólo se encuentran castaños en forma de **pie alto** con entre tres y seis ramas maestras, según la edad.

Variedades recomendadas

'Caurelesa', 'Comisaria', 'De Isola', 'De Laguépie', 'Helechar', 'Huevo de Pato', 'Limiana', 'Marron Belle Épine', 'Marron Bouche Rouge', 'Marron Bournette', 'Marron Comballe', 'Marron d'Olargues', 'Marron Marigoule', 'Migoule Precoz', 'Migueleña', 'Peregrina', 'Plantálajar', 'Valduna'.

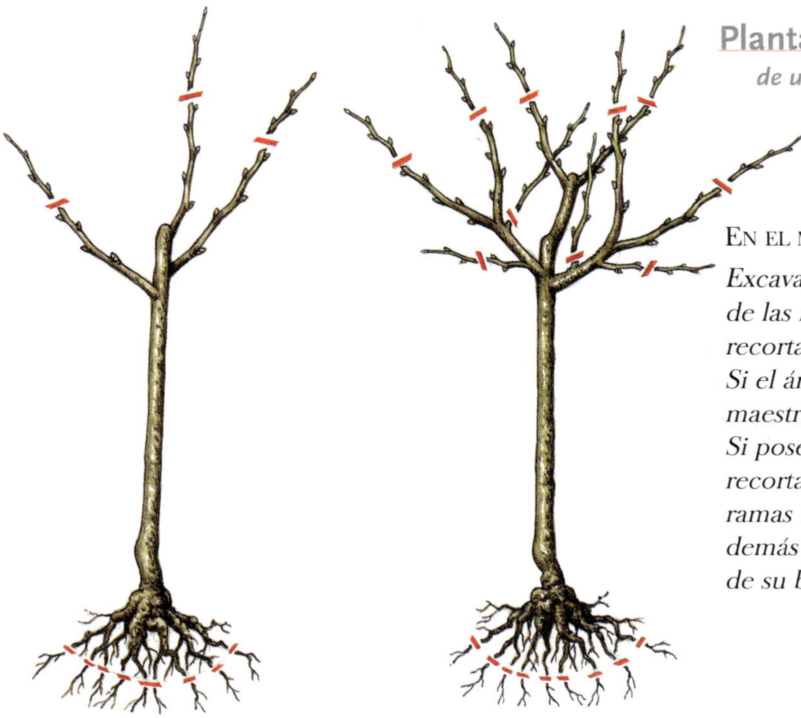

Plantación

de un castaño a raíz desnuda

EN EL MOMENTO DE PLANTAR

Excavar un agujero algo mayor que el tamaño de las raíces. Cortar las que estén dañadas y recortar las demás unos centímetros.
Si el árbol sólo cuenta con tres ramas maestras, recortarlas un tercio de su longitud.
Si posee ya seis ramas de primer orden, recortarlas igualmente un tercio y eliminar las ramas que crezcan hacia el interior. Podar las demás por encima de la segunda yema a partir de su base.

A fin de garantizar un mejor enraizamiento, empapar las raíces en una mezcla de tierra de jardín y agua que tenga consistencia de barro espeso.

Poner un palo recto atravesado en el hoyo: el punto de inserción de las raíces debe quedar como máximo 10 cm más abajo. Añadir tierra si es necesario. Formar una montañita en el fondo del hoyo y extender las raíces. Rellenar sin apisonar. Hacer un pequeño alcorque y regar. Atar el tronco al tutor.

Plantación

de un castaño comprado en maceta

Preparar el suelo como se indicó antes. En el momento de plantar, introducir la maceta unos minutos en agua. Excavar un hoyo algo mayor que el cepellón. Colocar éste en el fondo: la superficie debe sobresalir ligeramente. Rellenar apisonando bien. Hacer un alcorque y regar. Podar de la misma forma que en el caso del castaño a raíz desnuda.

No hay que olvidarse de cubrir con masilla cicatrizante los cortes de mayor tamaño realizados durante la poda (de 3 a 5 cm de diámetro).

Poda

Cada cinco a diez años, según el crecimiento del árbol, eliminar todas las ramas verticales de desarrollo vigoroso, así como las que se entrecrucen, se toquen o crezcan hacia el centro. Hay que podar la madera muerta y las sierpes.

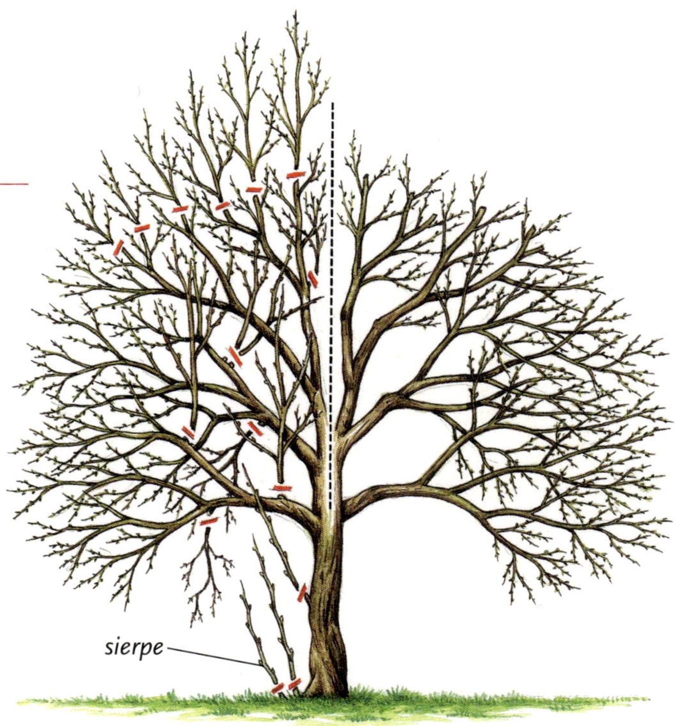

Mantenimiento

Mantener libre de malas hierbas el pie del árbol. Pulverizar un herbicida total a base de glifosato sobre las malas hierbas vivaces.

Hay que vigilar la planta y atajar los parásitos y enfermedades apenas se detecten, ya que podrían afectar a su correcto desarrollo.
– Enfermedades (tratamiento fungicida): chancro, enfermedad de la tinta.
– Insectos (tratamiento insecticida): carpocapsa, gusano de las castañas.

Recogida

Recoger a diario los frutos en forma de erizo (que contienen las castañas) con las manos protegidas por unos guantes gruesos.

La parte del fruto que se consume es el interior de la semilla. Está protegida por una piel con púas llamada también erizo. Dentro puede contener una o varias castañas.

Conservación

Eliminar la piel con púas y dejar las castañas en agua durante 48 horas. Desechar los frutos que floten: están invadidos por gusanos. A continuación, dejar secar las castañas y extenderlas formando una sola capa en cajas, en un lugar seco y ventilado. De este modo se conservan durante buena parte del invierno.

Una vez que caen al suelo los frutos, hay que recogerlos cuanto antes. De esta manera se evita que se estropeen o sean atacados por parásitos, lo que afectaría a su conservación y calidad. Hay que procurar también mantener el terreno bien segado al pie de los árboles para que la recogida resulte más fácil.

★★

Cerezo

Prunus cerasus, Prunus avium

Cuándo y cómo cultivarlo

El cerezo, dulce y ácido o guindo, crece bien hasta los 1.000 m de altitud, en suelos silíceo-arcillosos, profundos, frescos, permeables y no calizos. En suelos duros y compactos, los frutos pueden arruinarse tras una lluvia abundante. Le va bien cualquier ubicación. A partir de -2 °C, las heladas primaverales destruyen las flores.

Plantación
Noviembre-finales de marzo
Poda
Noviembre-finales de marzo
Recogida
Mayo-principios de agosto (según variedades y regiones)
Distancia entre plantas
7 m (pie alto y medio); de 5 a 6 m (pie bajo)
Floración
De marzo a abril

Plantación

de un cerezo a raíz desnuda

TRES MESES ANTES DE PLANTAR

Cavar un hoyo de 1 m de lado y 80 cm de profundidad para mullir el suelo. Clavar en el fondo un tutor (que mida 1 m más que el tronco). Añadir un abono completo especial para árboles frutales a la tierra extraída. Rellenar el agujero sin apisonar.

Qué forma escoger

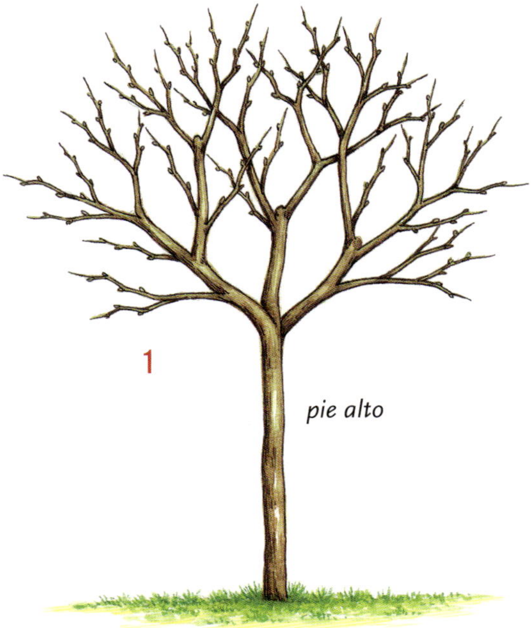

En la mayoría de los viveros se encuentran cerezos ya formados para su cultivo en crecimiento libre con **pie alto** (ilustración 1), **pie medio** o **pie bajo,** con entre tres y seis ramas maestras (las de mayor diámetro), según la edad.

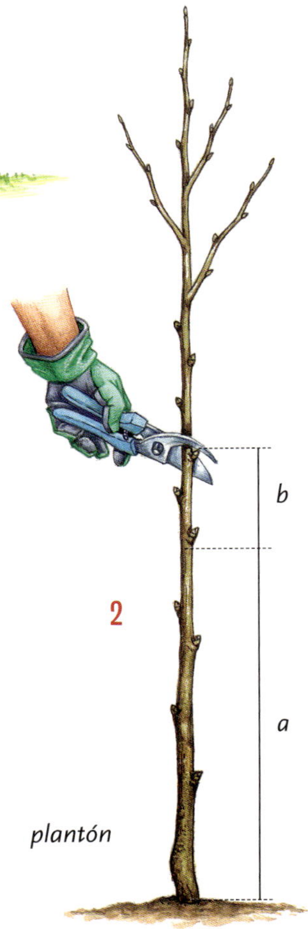

Si se compra un plantón o pimpollo, habrá que cultivar un cerezo de **pie bajo.** Después de plantarlo, hay que cortarlo a una altura de 50 cm *(a),* la de un árbol de pie bajo, añadiendo un fragmento de tronco que incluya tres yemas *(b):* de éstas nacerán las ramas.

Tipos de cerezas

Sin pedúnculo o picota: dura y dulce, de tamaño grande (para consumir fresca).
Con pedúnculo: guinda, cereza mollar o común, cereza garrafal o gordal (para consumir frescas, en conservas, dulces y licores).

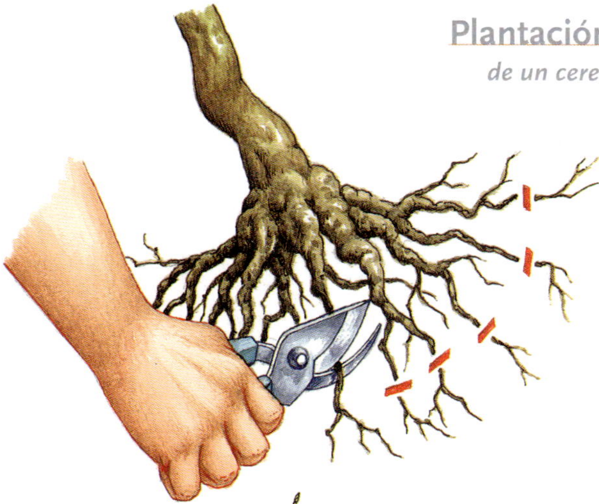

Plantación

de un cerezo a raíz desnuda

EN EL MOMENTO DE PLANTAR

Excavar un hoyo un poco mayor que las raíces. Cortar las raíces que estén partidas o dañadas, y recortar las otras unos centímetros para permitir la formación de radículas.

Si el árbol sólo cuenta con tres ramas maestras, reducirlas en un tercio de su longitud. Si tiene seis ramas maestras, recortarlas un tercio y podar sus ramificaciones por encima de la segunda yema visible desde la base.

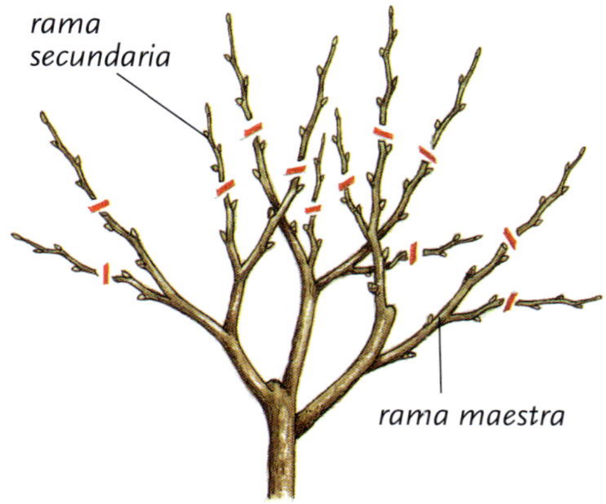

Empapar las raíces en una mezcla de tierra y agua que tenga consistencia de barro espeso. Con ayuda de un palo recto colocado de través en el hoyo, comprobar que el punto de injerto quede al aire, añadiendo tierra si es necesario. Formar una montañita en el fondo del hoyo y extender encima las raíces. Rellenar sin apisonar dejando un pequeño alcorque. Regar y atar el tronco al tutor.

Plantación

de un cerezo comprado en maceta

Preparar el suelo como si se tratase de un cerezo a raíz desnuda. Antes de sacarla del tiesto, introducir la planta con su tiesto en un recipiente con agua. Excavar un hoyo un poco mayor que el tamaño del cepellón. Introducir éste en el agujero de modo que la parte superior quede al nivel del suelo. Rellenar presionando bien, hacer un alcorque y regar.
Podar las ramas de la manera descrita anteriormente.

Hay que igualar las heridas producidas por los cortes de cierta importancia (de más de 3 a 5 cm de diámetro) y recubrirlas bien con masilla cicatrizante.

Poda

Cada cuatro o cinco años, preferentemente a comienzos del mes de noviembre, eliminar todas las ramas muertas. Podar las ramas más altas justo por encima de una ramificación joven o de una yema bien formada.

Mantenimiento

Hay que eliminar las malas hierbas y mantener la tierra limpia al pie del árbol. Sobre las malas hierbas vivaces se puede pulverizar un herbicida a base de glifosato.

Hay que vigilar la planta y atajar los parásitos y enfermedades apenas se detecten, ya que podrían afectar a su correcto desarrollo.
– Enfermedades (tratamiento fungicida): chancro bacteriano, gomosis, moniliosis, corineo y gnomonia.
– Insectos (tratamiento insecticida): pulgón negro, cochinilla, mosca del cerezo.
– Ácaros (tratamiento acaricida): arañas roja y amarilla.

Si se ha plantado un cerezo de pie bajo habrá que protegerlo con una red, sujeta al suelo con unas piedras, para impedir que los pájaros picoteen los frutos.

Recogida

Es preferible recolectar las cerezas con tiempo seco, una vez que hayan adquirido un color intenso. Tirar con cuidado del pedúnculo en el punto de inserción de éste en la rama; se desprenderá fácilmente.

Variedades recomendadas

'4-84', 'Allegria Delbard', 'Ambrunés', 'Belle Magnifique', 'Big Lory', 'Buriat', 'Burlat Tardía', 'Cœur de Pigeon', 'Delbard Tardía', 'Délice de Malicorne', 'Esperen', 'Gigante de Hedelfingen', 'Griotella', 'Hudson', 'Inglesa Temprana', 'Jaboulay', 'Kelleriis', 'Lapins', 'Larien', 'Limón negro', 'Lory Temprana', 'Marmotte', 'Montmorency', 'Moreau', 'Napoleón', 'Navahonda', 'Navalinda', 'New Star', 'Pico colorado', 'Pico negro', 'Rainier', 'Reverchon', 'Rivers Temprana', Royale', 'Santina', 'Sonata', 'Stark Hardy Gigante', 'Starkrimson', 'Summit', Sweet Heart', 'Van'.

★★

Ciruelo

Prunus domestica

Cuándo y cómo cultivarlo

Prospera hasta 1.000 m de altitud. Su floración precoz es sensible a las heladas primaverales. Prefiere suelos profundos y bien drenados. Cada especie tiene sus exigencias: suelo calizo para las mirabeles amarillas; silíceo-arcilloso para las claudias verdes; arcilloso para las quetsche o damascenas azuladas; y arcilloso-calizo para las que se consumen secas.

Plantación
Noviembre-finales de marzo
Poda
Noviembre-finales de marzo
Recogida
Finales de julio a mediados de septiembre
Distancia entre plantas
De 7 a 8 m
Floración
Desde finales de marzo a principios de abril

Plantación

de un ciruelo a raíz desnuda

TRES MESES ANTES DE PLANTAR

Cavar un hoyo de 1 m de lado y 80 cm de profundidad para mullir y airear el suelo. Clavar en el fondo del agujero un tutor (1 m más alto que el tronco). Añadir a la tierra extraída un abono completo para frutales. Rellenar sin apisonar la tierra.

Qué forma escoger

1

Los ciruelos se cultivan en crecimiento libre con **pie alto** o **medio.** Se pueden comprar ya formados, con entre tres y seis ramas maestras.

pie alto

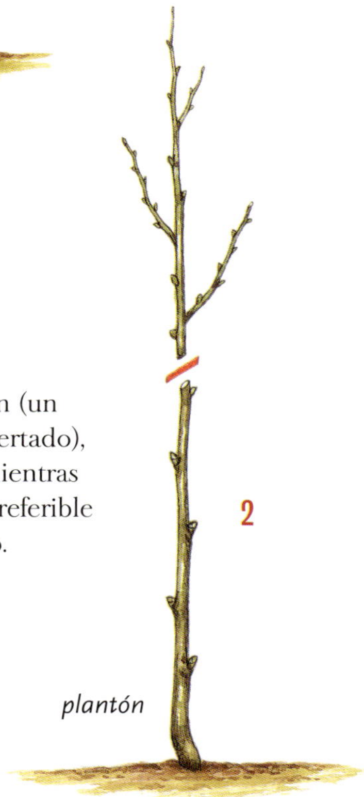

Si se adquiere un plantón (un pimpollo, un arbolito injertado), habrá que darle forma mientras crece. Para empezar es preferible comprar uno ya formado.

2

plantón

Variedades recomendadas

Claudias: 'De Althan', 'De Moissac', 'De Oullins', 'Dorada', 'Reina Claudia de Bavay', 'Tardía de Chambourcy', 'Verde'.
Damascenas: 'De Alsacia', 'De Italia', 'Precoz de Esslingen'.
Japonesas: 'Beauty', 'Bonne de Bry', 'Burbank', 'Golden Japan', 'Santa Rosa'
Mirabeles: 'Ademir', 'De Nancy', 'De Metz'.
Otras: 'Adara', 'Adesoto 101', 'Angeleno', 'Black Beauty', 'Black Diamond', 'Blackamber', 'Damas negra', 'De California', 'De Chile', 'Delbarazur', 'Mariana', 'Nigra', 'Perdigón', 'Pisardi roja', 'Polliza murciana', 'Red Beaut 606', 'Santa Catalina', 'Sun Gold'.

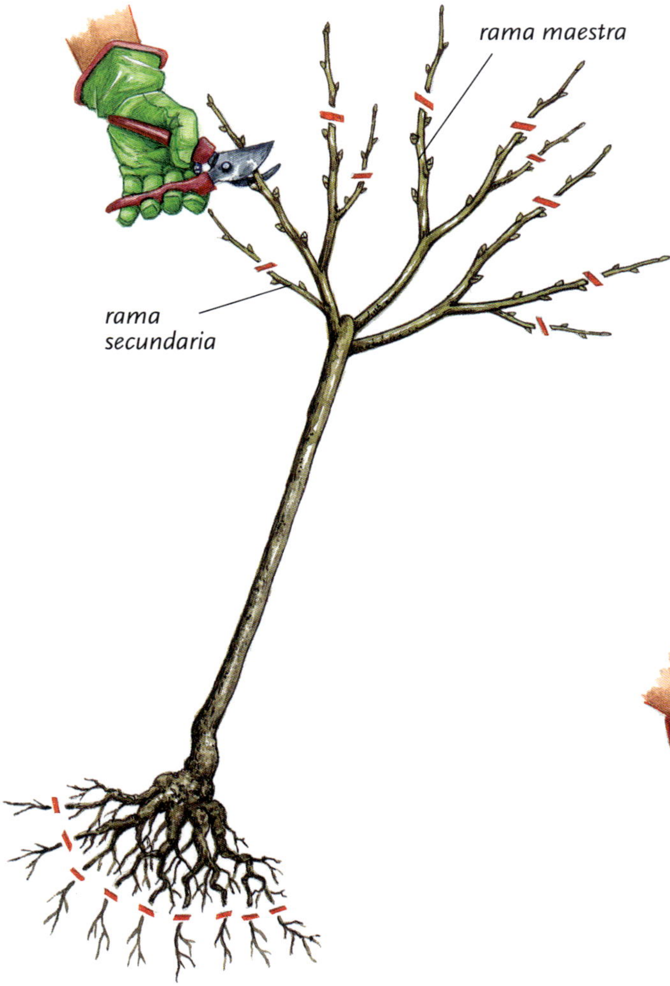

Plantación

de un ciruelo a raíz desnuda

EN EL MOMENTO DE PLANTAR

Cavar un agujero un poco mayor que el volumen de las raíces. Cortar las que estén dañadas y recortar las otras unos centímetros. Podar un tercio de las ramas maestras. Si el árbol cuenta con seis, cortar las ramas más finas surgidas de las maestras por encima de la segunda yema a partir de su base.

Empapar las raíces en una «papilla» de tierra y agua. Cruzar un palo recto sobre el agujero: el punto de injerto debe quedar por encima. Añadir tierra si es necesario. Formar un montón de tierra en el fondo del hoyo y extender encima las raíces. Rellenar apisonando bien. Hacer un alcorque y regar. Atar el tronco al tutor.

Plantación

de un ciruelo comprado en maceta

Preparar el suelo como en el caso anterior. En el momento de plantar, introducir el tiesto en agua antes de sacar el árbol. Cavar un hoyo algo más grande que el cepellón. Colocar éste en el fondo: la parte superior debe quedar a ras del suelo. Rellenar y apisonar bien. Hacer un alcorque y regar.
Podar igual que en en el caso del ciruelo a raíz desnuda.

Poda

Cada tres o cuatro años, mejor a principios de noviembre, podar las ramas más altas justo por encima de las más jóvenes o de un brote bien formado, lo más cerca posible de su base. Eliminar la madera muerta y los chupones.

Alisar los cortes de mayor diámetro (más de 3 cm) y retirar la madera astillada. A continuación, cubrirlos con masilla cicatrizante.

Mantenimiento

Desherbar y mantener limpia la tierra al pie de los arbolitos. Pulverizar un herbicida total a base de glifosato sobre las malas hierbas.

Hay que vigilar la planta y atajar los parásitos y enfermedades apenas se detecten, ya que podrían afectar a su desarrollo.
– Enfermedades (tratamiento fungicida): corineo o mal de munición, gomosis, moniliosis, roya del ciruelo, sharka, mancha.
– Insectos (tratamiento insecticida): gusano del ciruelo, hoplocampa, pulgón verde y lanígero.
– Ácaros (tratamiento acaricida): arañas roja y amarilla.

Recogida

Cuando empiecen a caer los primeros frutos, extender una lona al pie del árbol y sacudir las ramas con una pértiga larga: las ciruelas que estén maduras se desprenderán solas.

★★

Cítricos

Citrus

En toda la cuenca del Mediterráneo, los cítricos se cultivan al aire libre, a pleno sol y orientados al sureste. En otras regiones menos cálidas hay que plantarlos en macetas para protegerlos del frío desde mediados de octubre. A todos los cítricos les gustan los suelos ligeros, arenosos y permeables.

Plantación
Todo el año, pero preferentemente de noviembre a finales de marzo

Poda
Tras la recogida

Recogida
De noviembre a mayo, según las especies

Distancia entre plantas
7 m (árboles de crecimiento libre); 6 m (matas)

Floración
En abril y junio (hasta otoño el limonero)

Cuándo y cómo cultivar un cítrico de crecimiento libre

Plantación

TRES MESES ANTES DE PLANTAR

Cavar un hoyo de 80 cm para mullir el suelo. Añadir a la tierra extraída un abono de fondo especial para cítricos. Rellenar el agujero sin apisonar.

EN EL MOMENTO DE PLANTAR

Cavar un agujero algo más grande que el tamaño de la maceta. Sumergir ésta en agua antes de sacar la planta. Depositar el cepellón en el fondo del hoyo y comprobar con un palo recto que la parte superior se encuentre a ras del suelo. Rellenar apisonando bien la tierra con un palo. Hacer un alcorque y regar.

Qué forma escoger

Los cítricos se compran habitualmente en maceta.

árbol de pie bajo

árbol de pie medio

Los cítricos se adquieren a menudo en forma de árbol de **pie bajo** o de **pie medio**, con al menos seis u ocho ramas maestras.

mata

Se pueden adquirir también plantas más jóvenes en **matas arbustivas** con entre seis y ocho ramas de buen diámetro que formarán las ramas maestras.

Variedades recomendadas

Cidro: 'Dedos de Buda', 'Diamante', 'Noot', 'Swingle'. **Clementino:** 'Clemenpons', 'Clemenules', 'Esbal', 'Fina', 'Hernandina', 'Loretina', 'Marisol', 'Oronules', 'Oroval'; *hibrídos:* 'Fortune', 'Ortanique'. **Kumquat** (naranjo de la China): 'Fortunella'. **Limero:** 'Mexican', 'Rangpur', 'Tahiti'. **Limonero:** 'De Meyer', 'Eureka', 'Fino Mesero', 'Lisboa', 'Sta. Teresa', 'Verna'. **Mandarino:** (tipos común, corriente, king y satsuma) 'Blida', 'Campeona', 'Carrizo', 'Clausellina', 'Cleopatra', 'Ellendeli', 'Nova', 'Okitsu', 'Owari', 'Sunki'. **Naranjo:** 'Lane Late', 'Navel Late' 'Navelina', 'Newhall', 'Washington', (navel); 'Castellana', 'Salustiana', 'Valencia', Verna' (blanca); 'Double Fine' (sanguina). **Pomelo:** 'Duncan', 'Marsh', (blanco); 'Burgundy', 'Ruby', (pigmentado).

Plantación

Sea cual sea la forma del árbol plantado (crecimiento libre o en maceta), podar un tercio del extremo de las ramas maestras.

Si se trata de un árbol de pie medio, clavar un tutor en diagonal, inclinado en sentido opuesto al del viento dominante, para mantener derecho el tronco el primer año.

Mantenimiento

En marzo, trabajar ligeramente el suelo al pie de las plantas y añadir un abono completo especial para cítricos junto con estiércol seco (hay que respetar las cantidades indicadas en los envases).

Hay que mantener el pie libre de malas hierbas. Pulverizar un herbicida a base de glifosato sobre las malas hierbas vivaces o aplicar un producto especial para evitar que éstas germinen después de trabajar ligeramente el suelo en primavera.

Recogida

Cuando los frutos adquieran color y aroma, cogerlos en el hueco de la mano y tirar suavemente: se desprenden sin dificultad con parte del pedúnculo. Ir recogiéndolos a medida que se necesiten.

La naranja amarga se recoge de noviembre a marzo; la cidra, en julio-agosto; el limón, en invierno; la clementina y la mandarina, en septiembre; el kumquat, de noviembre a mayo; la lima, en marzo-abril y septiembre-octubre; la navelina, de noviembre a febrero; la rubia, en febrero-marzo; la sanguina, de finales de enero a marzo; el pomelo, a partir del mes de marzo.

Cuándo y cómo cultivar
un cítrico en maceta

Plantación

Escoger un tiesto de arcilla o una caja de madera. En este último caso, rellenar el fondo con dos o tres capas de planchas de yeso o escayola. Sea cual sea el tipo de maceta, poner en el fondo una capa de 6 a 8 cm de trozos de macetas rotas o de bolas de arcilla. Preparar una mezcla compuesta a partes iguales de tierra de jardín, mantillo de hojas y arena de río, enriquecida con estiércol de vaca seco. Extender un poco de la mezcla en el fondo de modo que la parte superior del cepellón quede unos centímetros por debajo del borde del recipiente. Rellenar los huecos con la misma mezcla, presionar y regar abundantemente.

Poda

Justo después de la recogida, eliminar las ramas muertas y las que crecen hacia el centro del árbol. Cortar también las ramas poco productivas por encima de la primera ramificación joven a partir de la base. Acortar el extremo de las restantes ramas para mantener la forma esférica de la copa del árbol.

Durante todo el año cortar a ras los chupones. Sólo se conservarán algunos bien situados que puedan reemplazar a una rama maestra que se haya vuelto improductiva. No olvidar que los cortes grandes deben cubrirse con masilla cicatrizante.

Mantenimiento

TODOS LOS AÑOS

Cuando se anuncien las primeras heladas, trasladar las macetas a un local luminoso con una temperatura de 6 a 8 °C como máximo. Regar cada 15 días para que no se seque la tierra.

Todos los años hay que añadir a la tierra de la superficie de la maceta un abono completo para cítricos, respetando las cantidades indicadas en los envases. Se procede en tres fases:

- **la mitad antes de la floración;**
- **un cuarto antes de la caída natural de los frutos en junio;**
- **un cuarto en septiembre.**

Mantenimiento

CADA CUATRO O CINCO AÑOS

En marzo, trasplantar los cítricos a un recipiente ligeramente mayor usando como sustrato con una mezcla idéntica a la de la plantación.
Una vez que el tronco alcance los 8-10 cm de diámetro, sólo se trasplantará cada 10 años.

Hay que vigilar la planta y atajar los parásitos y enfermedades apenas se detecten, ya que podrían afectar a su correcto desarrollo.
– Enfermedades (tratamiento fungicida): tristeza (enfermedad vírica), gomosis.
– Insectos (tratamiento insecticida): pulgón, cochinilla, mosca de la fruta.
– Ácaros (tratamiento acaricida): araña roja.

Los cítricos pueden morir si la temperatura baja de los -6 °C y la producción de frutos se pone en peligro si la temperatura desciende hasta 1 o 2 °C. En las regiones con mayor riesgo, la recolección se realiza a menudo dentro del local de invernación.

Recogida

Cuando los frutos adquieran color y aroma, cogerlos en el hueco de la mano y dar ligero tirón: se desprenden fácilmente con parte del pedúnculo. Recogerlos a medida que se vayan necesitando.

★

Frambueso

Rubus idaeus

El frambueso prospera prácticamente en cualquier zona, ya que su floración tardía le protege de las heladas. Sin embargo, no soporta el calor ni la sequía. Hay que buscarle una ubicación entre sol y sombra. Le agradan los suelos ligeros, más bien ácidos (pH de 6,5) y ricos en humus.

Plantación
Noviembre-finales de febrero
Poda
En junio-julio y/o septiembre
Recogida
En junio-julio y/o septiembre
Distancia entre plantas
De 1 a 1,50 m entre plantas y 2 m entre hileras
Floración
En mayo las de floración única; en mayo y en julio las demás variedades

Cuándo y cómo cultivarlo

Plantación

de un frambueso a raíz desnuda

TRES MESES ANTES DE PLANTAR

Cavar una zanja y añadir abono completo en el fondo. Instalar los soportes necesarios para que crezca en la forma elegida.

Qué forma escoger

Hay que optar por formas sencillas de cultivar, de fácil acceso para la poda y la recolección.

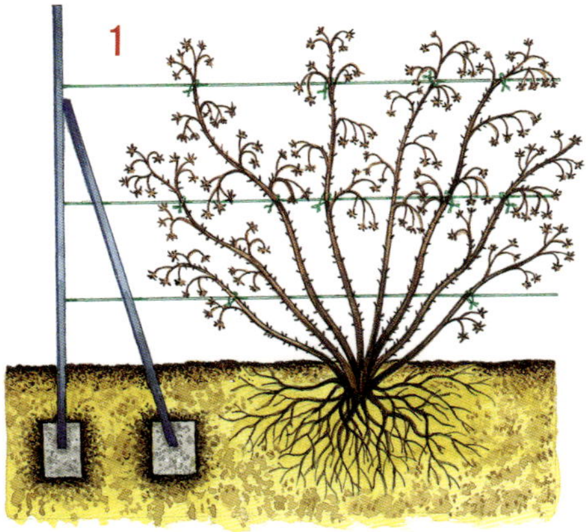

La **mata arbustiva en espaldera,** dispuesta en abanico contra un muro o una contraespaldera, es la opción más empleada. Así ocupa un mínimo espacio. Los tallos se van dirigiendo sobre un armazón compuesto de tres alambres horizontales colocados a 15 cm, 30-40 cm y 50-60 cm del suelo, entre dos soportes de hierro.

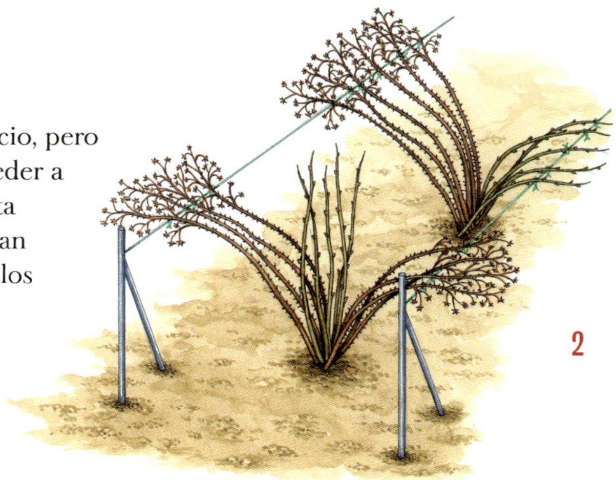

A la holandesa ocupa más espacio, pero es más fácil acceder a los frutos. En esta disposición, se van sujetando los tallos portadores de frutos a dos alambres tendidos en paralelo a una altura de 40-50 cm del suelo y a una distancia de alrededor de 50 cm a cada lado de la línea de plantación. En el centro se dejan crecer libremente los brotes del año. Otra opción es dirigir hacia un lado los renuevos del año y hacia el otro las ramas fructíferas. De este modo, se cosecharán todos los frutos en uno de los lados.

Tipos de frambuesos

Según la variedad y la zona dan una cosecha (en junio-julio, en brotes del año anterior) o dos (en junio-julio y en septiembre-octubre). El color del fruto puede ser amarillo, negro, rojo, lila, anaranjado...

Variedades recomendadas

Una cosecha (floración única): 'Capitou', 'Faro', 'Flavi', 'Frida', 'Golden Queen', 'Lloyd George', 'Magnific Delbard', 'Mailing Promise', 'Meco', 'Meeker', 'Nootka', 'Prosen', 'Schoenemann', 'Sucrée de Metz', 'Tud Lamen', 'Wawi'.
Dos cosechas (floración múltiple): 'Belle de Fontany', 'Belle de Malicorne', 'Bois Blanc', 'Chile Wak', 'Fallgold', 'Héritage', 'Laion', 'September', 'Zéva'.

Plantación

de un frambueso a raíz desnuda

EN EL MOMENTO DE PLANTAR

Cortar los extremos de las raíces y eliminar las que estén muertas o dañadas. Sumergir las raíces en una mezcla de tierra y agua con una consistencia similar a la del barro.

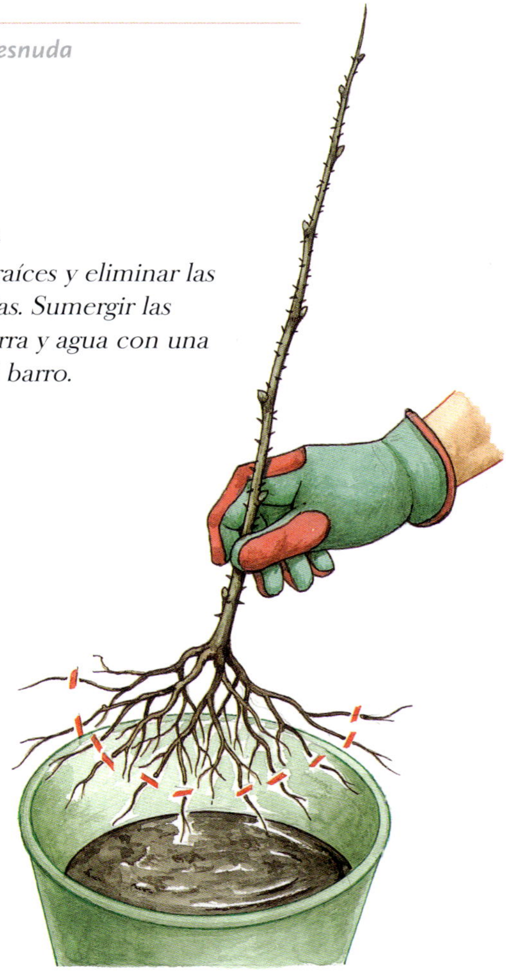

Plantar una sola caña o dos jóvenes, una al lado de otra. Desplegar bien las raíces y enterrar el tallo hasta la altura de la tercera o cuarta yema visible a partir de la base. Podar todas las cañas a 30 cm del suelo, siempre por encima de una yema bien visible.

Plantación
de un frambueso comprado en maceta

Introducir la maceta en agua antes de sacar la planta. Excavar un agujero algo mayor que el tamaño del cepellón. La parte superior de éste debe quedar a ras del suelo. Rellenar de nuevo el hoyo apisonando la tierra. Formar un alcorque y regar.
Recortar todos los tallos a 30 cm del suelo, siempre por encima de una yema bien visible.

Se pueden adquirir plantas con las raíces al aire, que se plantarán durante el reposo vegetativo (noviembre-finales de febrero), o bien comprarlas en maceta para plantarlas en cualquier época del año, siempre que se garantice un riego regular.

Poda

variedades con floración única

Todos los años, en julio, (después de la recolección de los frutos) podar a ras de suelo los tallos que produjeron frambuesas.

Si no se poda tras la recogida, se pueden eliminar las cañas que dieron frutos a comienzos de la primavera siguiente, una vez que estén secas: bastará con quebrarlas al nivel del suelo.

Poda

variedades con floración múltiple

En septiembre (después de la segunda cosecha), eliminar las ramas secas que fructificaron en junio-julio partiéndolas por la base. Recortar las puntas de todas las ramas que hayan dado fruto en otoño.

Mantenimiento

Cada año, en primavera, antes de que comience el periodo vegetativo, añadir un abono completo especial para frutales de bayas. Para enterrar el abono, remover los 5 cm de la superficie del suelo alrededor de los frambuesos.

Mientras dure el buen tiempo, mantener limpio el suelo al pie de las plantas. Para reducir al mínimo las malas hierbas, extender en la base de los frambuesos estiércol en descomposición o paja. Así el suelo quedará libre de malas hierbas hasta el final de la estación.

Mantenimiento

Hay que vigilar la planta y atajar los parásitos y enfermedades apenas se detecten, ya que podrían afectar a su correcto desarrollo.
– Enfermedades (tratamiento fungicida): didimella, oídio (ceniza), antracnosis, podredumbre gris (botritis).
– Insectos (tratamiento insecticida): cecidomia, gusano de las frambuesas.
– Ácaros (tratamiento acaricida): araña amarilla.

En primavera, cuando los frutos empiecen a tener color, proteger las plantas de los pájaros cubriéndolas con una red. Hay que mantenerla sujeta al suelo con ayuda de unas piedras.

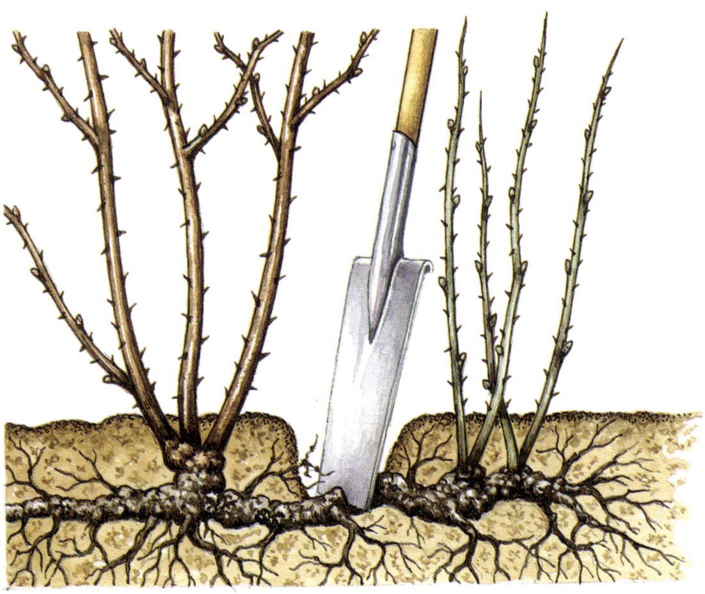

Los frambuesos pueden someterse a una división de las matas entre diciembre y febrero. Seleccionar tallos vigorosos y cortar el rizoma subterráneo que los une a las otras plantas.
Plantar los esquejes de inmediato, siguiendo las mismas instrucciones que en el caso de los ejemplares adquiridos a raíz desnuda.

Recogida

Recoger las frambuesas tirando delicadamente del fruto con los dedos: se desprenden fácilmente del cono blanco de su interior. Dado que maduran de forma escalonada, deben cosecharse cada tres o cuatro días.

Para transportar las frambuesas es mejor cortar los pedúnculos con unas tijeras para dejar dentro del fruto el cono blanco: así es más difícil que las frambuesas se rompan.

Grosellero negro

Ribes nigrum

Cuándo y cómo cultivarlo

También llamado casis, es un arbusto vigoroso de 1-1,50 m de altura y hoja caduca. Aunque tolera otros tipos de suelo, prefiere los terrenos ligeros, aireados y ricos en humus. Le afectan el calor, la sequía y la humedad estancada. En zonas frías hay que plantarlo al sol; en las cálidas, entre sol y sombra y al abrigo del viento.

Plantación
De noviembre a marzo (raíz desnuda); todo el año (en maceta)
Poda
En febrero
Recogida
Finales junio-mediados julio
Distancia entre plantas
De 1 a 1,50 m entre plantas; de 2,50 a 3 m entre hileras
Floración
En abril

Plantación

de un grosellero negro a raíz desnuda

DOS MESES ANTES DE PLANTAR

Abrir una zanja de 60 cm de ancho y otro tanto de profundidad, o hacer hoyos individuales de 60 cm en todos los sentidos, según la cantidad de groselleros que se vayan a plantar.
Añadir abono especial para arbustos frutales.
Rellenar sin apisonar la tierra.

Qué forma escoger

El grosellero negro se vende habitualmente como **mata arbustiva** de tres o cuatro ramas maestras, a raíz desnuda o en maceta.

Variedades recomendadas

'Andega', 'Bigno', 'Black Down', 'Black Reward', 'Cadou', 'Delbard Robusta', 'Gigante de Boskoop','Negra de Borgoña', 'Rosenthal', 'Royal de Nápoles', 'Silverglaters Schwarze', 'Titania'.

Plantación

de un grosellero negro a raíz desnuda

EN EL MOMENTO DE PLANTAR

Cavar un hoyo de tamaño ligeramente superior al de las raíces. Eliminar las dañadas y recortar unos centímetros las restantes. Podar todas las ramas por encima de la segunda yema a partir de la base. Impregnar las raíces en una mezcla de tierra de jardín y agua con consistencia de barro espeso.

Cruzar sobre el hoyo un palo bien recto: el punto de inserción de las ramas (el cuello) debe quedar por encima. Hacer una pequeña montañita de tierra en el fondo y extender las raíces. Rellenar sin apisonar. Hacer un alcorque y regar.

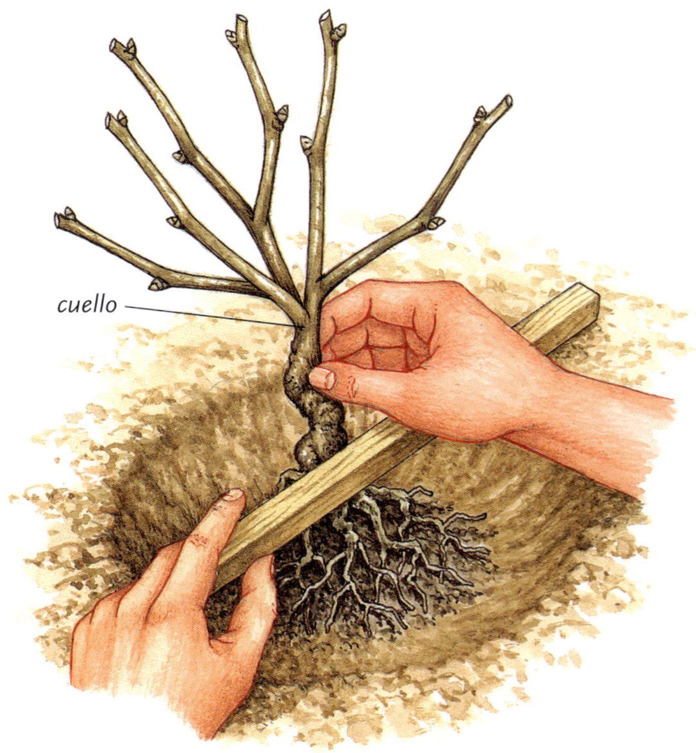

Plantación

de un grosellero negro comprado en maceta

En el momento de plantar (todo el año, excepto en periodos de heladas), introducir el tiesto en agua antes de sacar la planta. Hacer un agujero algo mayor que el tamaño del cepellón y poner éste en el fondo: su parte superior debe quedar a nivel del suelo. Rellenar el hoyo apisonando bien. Hacer un alcorque y regar.
Podar como si se tratase de un grosellero a raíz desnuda.

Al igual que en el caso de los groselleros negros a raíz desnuda, es importante cavar un agujero en el lugar elegido para la plantación dos meses antes de plantar para mullir bien el suelo.

Poda

Todos los años, cortar a ras del suelo las ramas muertas, las débiles, las que estén entrelazadas y las más viejas (las que ya no producen frutos). Conservar siempre unas quince ramas susceptibles de producir frutos. Seleccionar algunas ramas jóvenes y vigorosas de la base y podarlas por la mitad: en años sucesivos reemplazarán a las que se van eliminando.

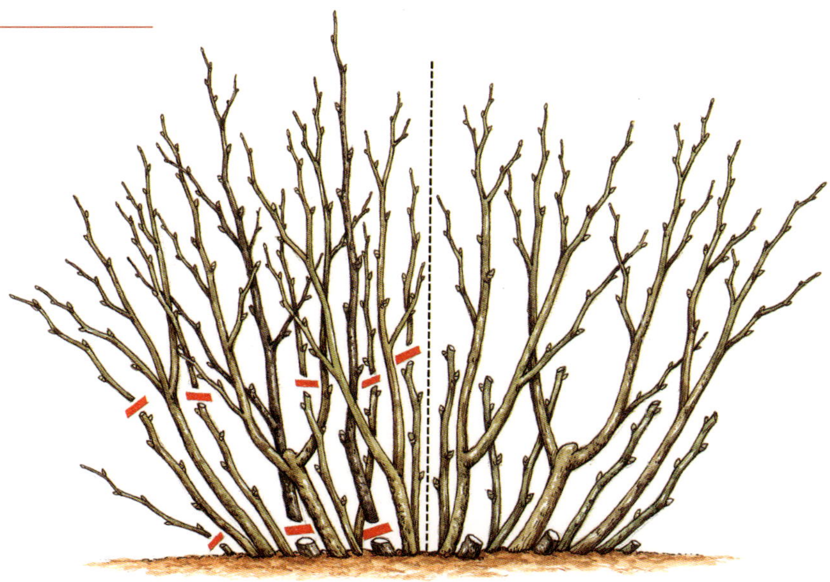

Mantenimiento

En marzo, remover con un cultivador la tierra teniendo cuidado de no dañar las raíces superficiales. Incorporar un abono completo especial para arbustos de frutos pequeños. No utilizar la azada alrededor de los groselleros.

En abril o mayo, después de una limpieza a fondo de las malas hierbas (manual o química), extender al pie de los groselleros una capa de 6 a 8 cm de estiércol en proceso de descomposición o de paja. La humedad permanente así conseguida beneficiará a las raíces superficiales.

Hay que vigilar la planta y atajar los parásitos y enfermedades apenas se detecten, ya que podrían afectar a su correcto desarrollo.
– Enfermedades (tratamiento fungicida): oídio, roya del grosellero negro, antracnosis del grosellero.
– Insectos (tratamiento insecticida): pulgón verde y amarillo del grosellero negro.
– Ácaros (tratamiento acaricida): ácaro fitófago del grosellero.

Recogida

Los frutos estarán maduros cuando se vuelven de color negro. Hay que recogerlos con tiempo seco. Pinzar con las uñas el pedúnculo que une el racimo a la rama, cortarlo y recoger los frutos en la mano.
En el caso de algunas variedades, no todos los frutos de un mismo racimo maduran a la vez: habrá que retirarlos de uno en uno con cuidado.

El fruto fresco no es muy sabroso. Se emplea para hacer zumos, jarabes, licores, sorbetes y mermeladas.

Grosellero rojo

Ribes rubrum

Cuándo y cómo cultivarlo

En las zonas frías se plantará el grosellero rojo en un lugar soleado; en las cálidas, es mejor escoger un lugar sombreado. Se adapta a todo tipo de terrenos, pero prefiere suelos arcillosos silíceos, ligeros, frescos, fértiles y poco calizos. Es sensible al calor, la sequía y la humedad estancada.

Plantación
De noviembre a finales de marzo (raíz desnuda); todo el año (en maceta)

Poda
En febrero

Recogida
De finales de junio a finales de julio

Distancia entre plantas
De 1 a 1,50 m entre plantas; de 2,50 a 3 m entre hileras

Floración
De marzo a abril

Plantación

de un grosellero rojo a raíz desnuda

DOS MESES ANTES DE PLANTAR

Para plantar groselleros en hilera, excavar una zanja de 60 cm de ancho y otro tanto de profundidad, con la longitud deseada. Añadir a la tierra extraída un abono completo. Rellenar sin apisonar.

Para plantar un solo grosellero, cavar un hoyo de 60 cm en todas direcciones.

Qué forma escoger

El grosellero rojo o silvestre se cultiva en forma de **mata arbustiva.**
Lo más habitual es que tenga tres o cuatro ramas, tanto si se vende a raíz desnuda como en maceta.

Variedades recomendadas

'Captivator', 'Cocagne', 'Géant Noir', 'Gloire des Sablons', 'Jonkheer Van Tets', 'Junifer', 'Oregon Champion', 'Red Lake', 'Rolan', 'Rondom', 'Rose de Champagne', 'Rotet', 'Rovada', 'Stanza', 'Versaillaise Blanche'.

Plantación

de un grosellero rojo a raíz desnuda

EN EL MOMENTO DE PLANTAR

Cavar un hoyo un poco mayor que las raíces del arbusto. Eliminar las que estén dañadas o partidas y recortar unos centímetros las demás. Introducirlas en una mezcla de tierra de jardín y agua para favorecer el enraizamiento.

Podar todas las ramas por encima de la segunda yema a partir de la base para favorecer la aparición de ramas nuevas y obtener una mata bien ramificada.

Poniendo un palo recto sobre el agujero, comprobar que la base del arbusto quede al nivel del suelo. Formar un pequeño montón en el fondo del hoyo y extender por encima las raíces. Rellenar sin apisonar. Hacer un pequeño alcorque y regar a continuación.

Plantación

de un grosellero rojo comprado en maceta

Preparar el suelo como en el caso anterior. En el momento de plantar, introducir la maceta en agua. Cavar un hoyo algo mayor que el cepellón. Poner éste en fondo: la parte superior debe quedar al nivel del suelo. Rellenar apisonando bien la tierra con un palo. Hacer un alcorque y regar.
Podar las ramas del arbusto como si se tratase de un grosellero a raíz desnuda.

Después de la plantación de un grosellero adquirido en maceta es importante garantizarle un riego regular, sobre todo durante el primer verano.

Poda

Cortar cada año a ras del suelo las ramas más viejas, conservando sólo unas diez ramificaciones productivas. Seleccionar algunos tallos vigorosos de la base (reemplazarán las ramas eliminadas en uno o dos años) y recortarlos por la mitad. Eliminar los tallos demasiado débiles o retorcidos, así como la madera muerta.

Mantenimiento

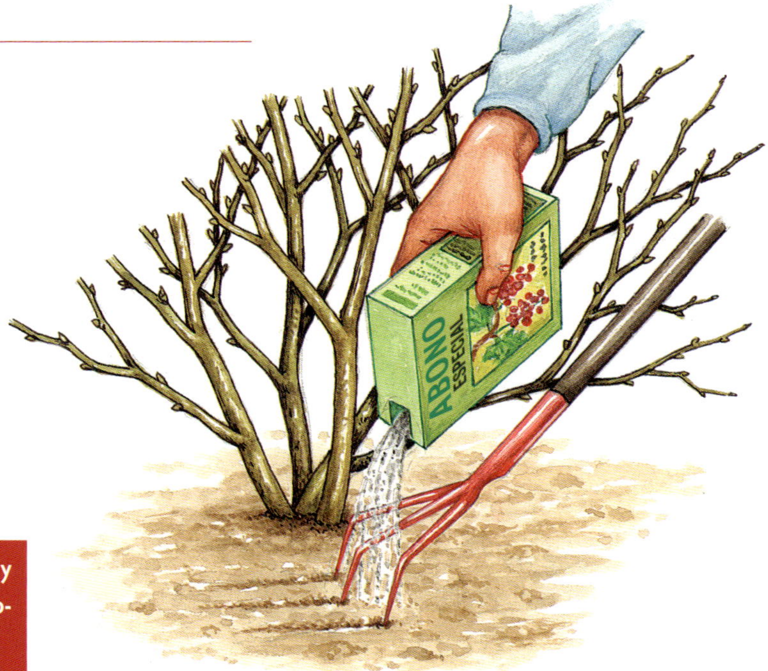

En marzo, remover superficialmente la tierra para añadir un abono completo especial para arbustos de fruto pequeño. No conviene trabajar al pie del grosellero, pues se dañarían las raíces superficiales.

Hay que vigilar la planta y atajar los parásitos y enfermedades apenas se detecten, ya que podrían afectar a su correcto desarrollo.
– Enfermedades (tratamiento fungicida): oídio, roya y antracnosis del grosellero.
– Insectos (tratamiento insecticida): pulgón verde o amarillo, oruga del grosellero.
– Ácaros (tratamiento acaricida): ácaro fitófago del grosellero, araña roja y amarilla.

Después de limpiarlo de malas hierbas, cubrir el pie con una capa de 6-8 cm de estiércol en descomposición o paja. Conservarla todo el año.

Hay que mantener limpio de malas hierbas el pie del arbusto. Pulverizar un herbicida total a base de glifosato sobre las hierbas vivaces o usar un producto antigerminación después de trabajar el suelo en primavera.

Apenas empiecen a tomar color, hay que proteger los frutos de los pájaros cubriendo los arbustos con redes de plástico. Utilizar piedras o ladrillos para sujetarlas.

Recogida

Cuando todas las bayas de un racimo adquieran un color rojizo o rosado, recogerlo pinzando el pedúnculo con las uñas. Hay que recoger el racimo en el hueco de la mano para evitar que caiga al suelo.

★★

Higuera

Ficus carica

Cuándo y cómo cultivarla

La higuera produce abundantes frutos en zonas templadas. En zonas más frías la producción será pequeña; en este caso se le debe buscar a la higuera una ubicación soleada y protegida de los vientos fríos. Prospera en todo tipo de suelos, excepto los ácidos.

Plantación
De noviembre a finales de marzo
Poda
En marzo
Recogida
De julio a agosto (brevas); de septiembre a octubre (higos de otoño o de San Miguel)
Distancia entre plantas
De 5 a 6 m
Floración
En julio

Plantación

de una higuera a raíz desnuda

TRES MESES ANTES DE PLANTAR

Abrir un agujero de 80 cm en todas direcciones para mullir el suelo en profundidad. Añadir a la tierra extraída un abono especial para frutales. Rellenar sin apisonar.

Qué forma escoger

La forma de **mata** es la más sencilla de dirigir. Ya sea a raíz desnuda o en maceta, los arbolitos se venden con dos o tres ramas maestras.

Variedades recomendadas

Brevas (higuera bacorera): 'Colar', 'Dauphine Violette', 'Florancha', 'Goina', 'Grosse Rouge de Bordeaux', 'Negra', 'Noir de Caromb', 'Ñoral', 'Violette d'Argenteuil'.
Higos: 'Bellone', 'Blanca', 'Blanche d'Argenteuil', 'Blanche de Versailles', 'Blanquette', 'Burjasot', 'Cuello de Dama', 'Pellejo de toro', 'Verdal'.

Algunas variedades dan dos cosechas al año.
– los higos de verano o de San Juan, que aparecen en junio-julio, no maduran hasta el verano siguiente. No soportan temperaturas inferiores a -4 °C y en zonas frías no sobrevivirán al invierno sin protección.
– los higos de otoño o de San Miguel aparecen (según las regiones) a lo largo del verano y maduran en otoño (de septiembre a octubre).

Plantación

de una higuera a raíz desnuda

En el momento de plantar

Cavar un agujero de tamaño ligeramente mayor que el de las raíces. Cortar las que estén partidas o dañadas, y recortar el resto unos centímetros. Podar las dos o tres ramas por encima de la tercera yema a partir de su base. Para un mejor enraizamiento del árbol, empapar las raíces en una mezcla de tierra de jardín y agua con consistencia de barro espeso.

Con la ayuda de un palo recto comprobar que el punto de injerto quede por encima del nivel del suelo. Añadir tierra si es necesario. Formar una montañita en el fondo del hoyo y extender las raíces. Rellenar sin apisonar con el pie. Hacer un pequeño alcorque y regar.

Plantación

de una higuera comprada en maceta

Preparar el suelo como se indicó anteriormente. En el momento de plantar, introducir el tiesto en agua. Cavar un hoyo un poco mayor que el tamaño del cepellón. Situar éste en el fondo: la parte superior debe quedar al nivel del suelo. Rellenar apisonando bien. Hacer un alcorque y regar.
Las ramas se podan igual que en el caso de un ejemplar adquirido a raíz desnuda.

Poda

UN AÑO DESPUÉS DE PLANTAR

Podar en marzo para conservar 10-12 ramas maestras (de primer orden). Seleccionar y respetar las ramas más vigorosas entre las surgidas en la base; eliminar las ramas más débiles. Cortar el resto por encima de la tercera yema a partir de su base.

No olvidar que se debe aplicar masilla cicatrizante en los cortes de cierta importancia (más de 3 cm de diámetro).

EN AÑOS SUCESIVOS

En marzo, cuando ya no se esperen heladas primaverales, cortar a ras del suelo las ramas más viejas que ya no produzcan frutos. Hay que procurar conservar una decena de ramas. Eliminar las más débiles y las que estén muertas.

Mantenimiento

En marzo remover la tierra de la base de la higuera e incorporar un abono completo especial para árboles frutales.

Hay que mantener limpio el pie de la higuera. Pulverizar un herbicida total a base de glifosato sobre las malas hierbas vivaces o un producto que evite su germinación inmediatamente después de trabajar superficialmente la tierra en primavera.

Mantenimiento

De finales noviembre a principios de diciembre
Para proteger los frutos en lugares fríos, atar juntas las ramas y rodearlas con una esterilla. Extender hojas muertas o hierba seca en la base de la higuera y cubrir este acolchado con plástico negro.

La higuera no es muy sensible a las enfermedades, pero le atacan los insectos (mosca de la higuera, cochinilla). Tan pronto como aparezcan, tratarla con un insecticida para impedir que afecten a su desarrollo.

Los higos son frutos frágiles: hay que manejarlos con delicadeza y no amontonarlos en cestos.

Recogida

Las brevas se recogen cuando están blandas al tacto. Se cogen en el hueco de la mano y se hacen girar con cuidado. Se desprenden solas.

Maduros, los higos están blandos al tacto y van del verde mate al amarillo dorado (o violeta según las variedades). Se recogen igual que las brevas.

★★★

Kiwi

Actinidia chinensis, Actinidia arguta

La actinidia o kiwi es un arbusto trepador de hoja caduca. Hay que instalar este frutal en una posición entre sol y sombra, orientado al este o al oeste, en suelo blando, profundo, húmedo y no calizo. Es una especie muy resistente al frío (hasta -15 °C), pero los brotes jóvenes se hielan a -4 °C.

Plantación
De noviembre a marzo
Poda
De diciembre a febrero; en julio y agosto
Recogida
De finales de octubre a principios de noviembre en zonas frías; antes en otras
Distancia entre plantas
De 4 a 5 m
Floración
Segunda quincena de mayo

Cuándo y cómo cultivarlo

Plantación

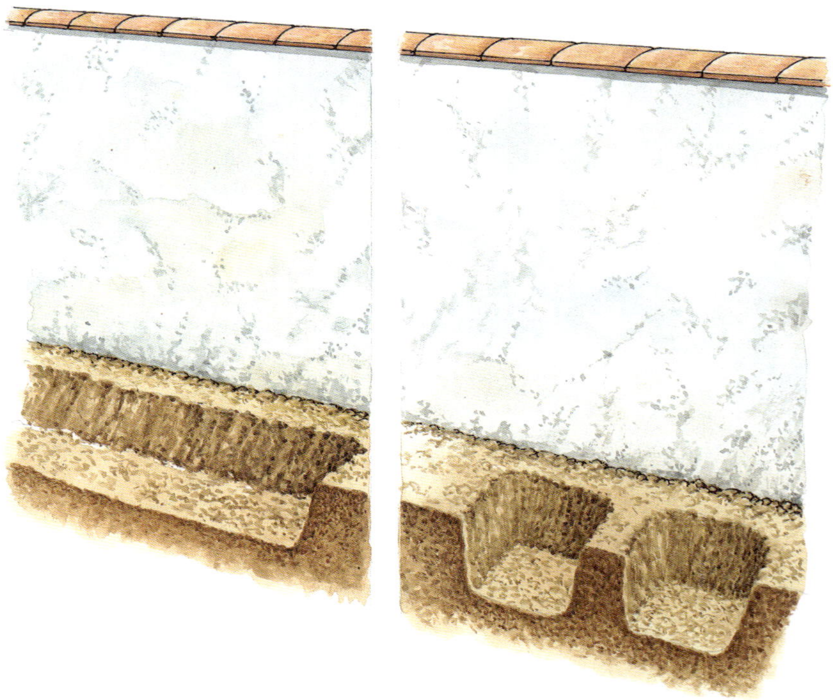

DOS MESES ANTES DE PLANTAR

Si se plantan más de dos actinidias: excavar a lo largo de su futuro emplazamiento una zanja de 60 cm de ancho y otro tanto de profundidad.
Si sólo se plantan dos actinidias: cavar a lo largo del muro dos hoyos de 60 cm en todas direcciones.
Añadir a la tierra extraída un abono completo especial para arbustos frutales. Rellenar de nuevo sin apisonar.

Qué forma escoger

Las dos variedades de kiwi se venden en maceta, con dos o tres ramas unidas a tutores. Es habitual que se vendan por parejas. Si se dispone de suficiente espacio, se pueden plantar tres o cuatro pies femeninos de diferentes variedades: un único pie masculino basta para asegurar la polinización.

La forma más sencilla de dirigir para un principiante es la **palmeta en abanico.**

Las flores masculinas (polen) y las femeninas (que producirán los frutos) aparecen en pies distintos: por eso se dice que es una planta dioica. Para obtener frutos se necesitan al menos dos actinidias, una con flores masculinas y otra con flores femeninas. En la actualidad hay algunas variedades autopolinizadoras que poseen ambas flores sobre el mismo pie, como la 'Tomuri'.

Plantación

EN EL MOMENTO DE PLANTAR

Instalar en la pared escogida un armazón hecho con materiales disponibles en tiendas de jardinería: fijaciones metálicas para la pared y alambre o una celosía ya montada.

Empapar la maceta en agua antes de sacar la planta. Cavar un hoyo de un tamaño ligeramente superior al del cepellón. Colocar éste en el fondo: la parte superior debe quedar al nivel del suelo. Rellenar el agujero y apisonar bien. Formar un pequeño alcorque y regar.
Recortar las ramas por la mitad y atarlas a la estructura disponiéndolas en forma de abanico.

Poda

Variedades recomendadas

'Abbot', 'Blake', 'Bruno', 'Hayward', 'Issai' (kiwaï), 'Kaquiara II', 'Kramer', 'M-51', 'MG-6', 'Monty', 'Tomuri' (variedad autopolinizadora), 'Top Star'.

EL AÑO SIGUIENTE A LA PLANTACIÓN

Recortar todas las ramas por la mitad en febrero. Disponerlas en abanico sobre el soporte para cubrir una superficie lo más grande posible.

La poda del kiwi de flores masculinas (que no produce frutos) consiste en eliminar las ramas que se entrecrucen, las dañadas o enfermas, y las que crezcan en dirección al centro de la palmeta. Hay que conservar las ramas secundarias (las de menor diámetro) en las que crecen las flores. Cada tres o cuatro años, eliminar una rama maestra vieja y seleccionar un chupón vigoroso de la base para reemplazarla.

DOS AÑOS DESPUÉS DE PLANTAR

Entre diciembre y febrero, recortar las ramas maestras hasta dejarlas de unos 50 cm. Podar sus ramificaciones a la misma medida. Las ramas jóvenes producidas por éstas se cortan por encima de la cuarta o quinta yema a partir de su base. Hay que sujetar las ramas al soporte.

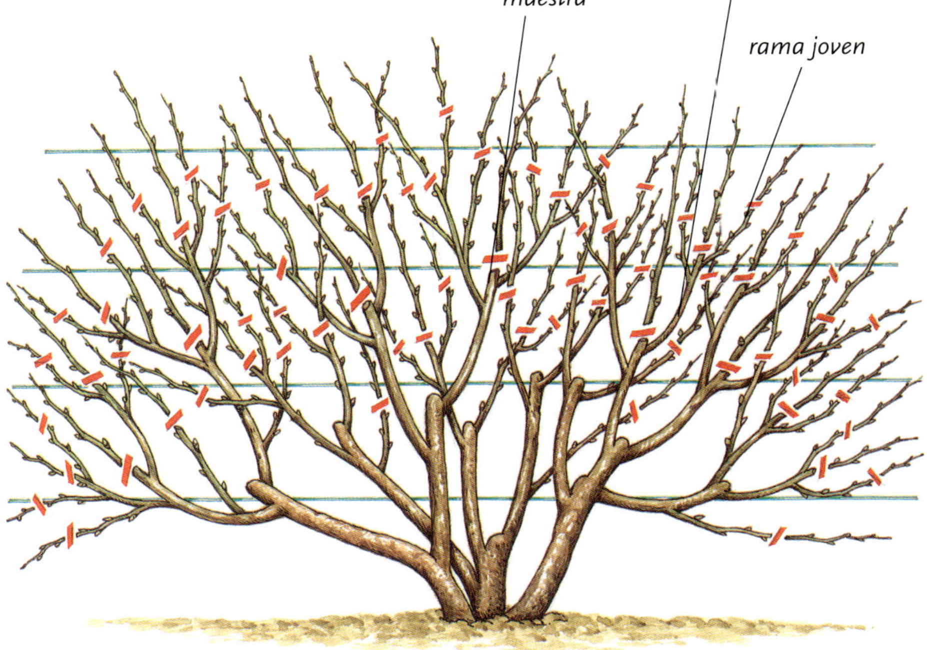

Poda

TODOS LOS AÑOS

En febrero

Antes de que empiece a brotar la vegetación, podar las ramas que hayan dado fruto el año anterior dos yemas por encima del emplazamiento del último fruto.

A principios de julio

Cortar las ramas con kiwis por encima de la cuarta hoja que siga al último grupo de frutos. Cortar las ramas demasiado vigorosas de la base, salvo las que estén mejor situadas para reemplazar a las ramas maestras improductivas.

En agosto

Podar por encima de la segunda hoja a partir de su base las ramas que hayan crecido sobre las ramas podadas en julio.

CADA TRES O CUATRO AÑOS

Entre diciembre y febrero
Para rejuvenecer las ramas productoras de frutos, cortarlas por encima de la segunda yema a partir de su base.

También pueden suprimirse para reemplazarlas por ramas jóvenes crecidas el verano anterior (tienen la corteza de color más claro). Estas ramas se podan por encima del la sexta o séptima yema a partir de su base.

Mantenimiento

En primavera, añadir 100 g/m² de abono completo especial para frutales removiendo ligeramente la tierra con un cultivador o una horquilla, con cuidado de no dañar las raíces superficiales.

Para evitar la proliferación de malas hierbas, tras una limpieza a fondo cubrir el suelo del pie de la planta con una buena capa de estiércol en proceso de descomposición, hierba seca o paja. La humedad permanente en el pie resultará además beneficiosa para las raíces superficiales.

En verano regar con frecuencia para mantener siempre la tierra ligeramente húmeda en torno a las raíces superficiales.

Esta planta no sufre ataques de enfermedades ni parásitos. No obstante, la falta de hierro o el exceso de cal en el suelo pueden provocar un amarilleamiento de sus hojas (clorosis). Esto se soluciona preparando una depresión profunda en el pie de la planta y regándola con una solución de quelato de hierro.

Recogida

A finales de octubre-principios de noviembre en zonas frías, o antes en zonas cálidas, cuando los frutos empiezan a estar blandos al tacto, se agarran por abajo tirando suavemente: se desprenden con facilidad del pedúnculo. Hay que dejar éste en la planta para facilitar la poda en febrero.

Conservación

Colocar los kiwis sobre rejillas en un local fresco con una humedad del 90%: se conservarán así al menos dos meses.

★★

Manzano

Malus pumila

Prospera en todas partes hasta los 1.000 m de altitud y resiste bien el frío intenso. La mayoría de las variedades prefieren un emplazamiento orientado al sureste, sobre todo las cultivadas en espaldera. El manzano ha de plantarse en suelos profundos, ricos y frescos, sin humedad excesiva.

Plantación
De noviembre a finales de marzo

Poda
En noviembre (crecimiento libre); en enero-febrero y en mayo (palmetas y cordones)

Recogida
De julio a finales de octubre

Distancia entre plantas
7-8 m (crecimiento libre); 30 cm-1,20 m (palmetas); 1,50-2 m (cordones)

Floración
Finales marzo-finales abril

Cuándo y cómo cultivar un manzano de crecimiento libre

Plantación

de un manzano a raíz desnuda

TRES MESES ANTES DE PLANTAR

Cavar un hoyo de 1 m de lado y 80 cm de profundidad para mullir y airear el suelo. Clavar en el fondo un tutor (1 m más alto que el tronco). Añadir a la tierra extraída un abono completo especial para frutales y rellenar el hoyo sin apisonar.

Qué forma escoger

1

pie medio

En un jardín grande

Optar por formas de crecimiento libre (**pie alto** y **pie medio**) que posean ya tres (manzano de un año) o seis (manzano de dos años) ramas maestras al comprarlos.

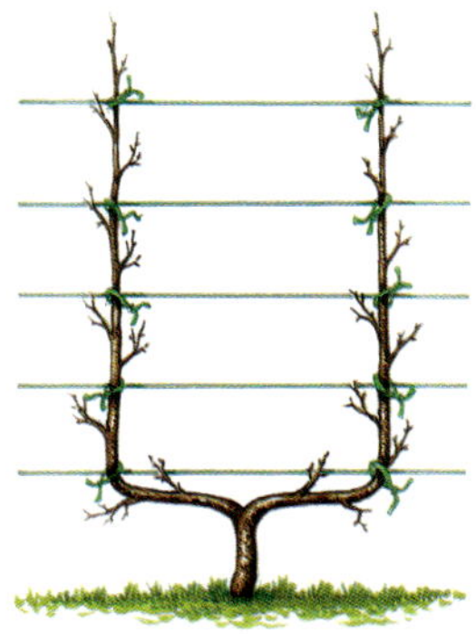

palmeta en U sencilla

2

En un jardín pequeño

Son preferibles los manzanos en **palmeta,** fáciles de mantener (U sencilla, U doble, palmeta Verrier), en espaldera (apoyados contra una pared) o en contraespaldera (sostenidos por un armazón no adosado al muro).

cordón vertical

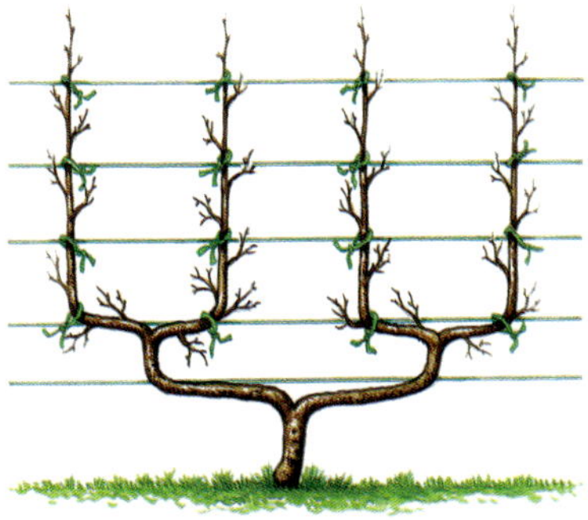

palmeta en U doble

palmeta Verrier (reja de 4)

3

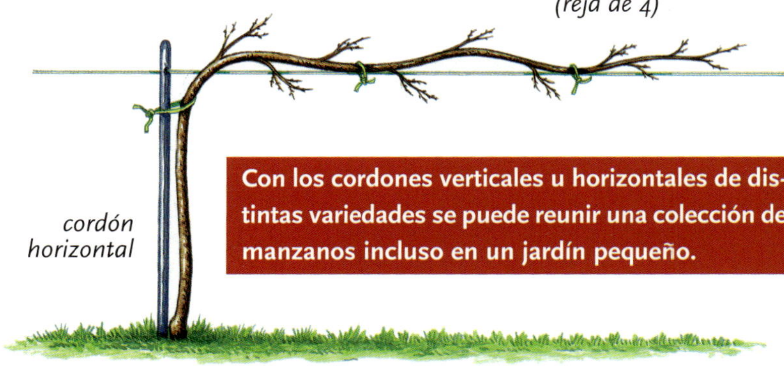

cordón horizontal

Con los cordones verticales u horizontales de distintas variedades se puede reunir una colección de manzanos incluso en un jardín pequeño.

Si hay poco espacio

Será fácil dar forma de **cordón vertical u horizontal** a un manzano a partir de un plantón.

Plantación

de un manzano a raíz desnuda

EN EL MOMENTO DE PLANTAR

Excavar un agujero de un volumen ligeramente mayor que el de las raíces del árbol. Cortar las raíces dañadas y recortar unos centímetros las demás. Podar también las ramas maestras hasta dejarlas de unos 25 cm, justo por encima de una yema bien visible orientada hacia fuera.

Introducir las raíces en una «papilla» de tierra y agua. Atravesar un palo recto sobre el hoyo: el punto de injerto debe quedar por encima de él. Añadir tierra si es necesario. Formar un montoncito en el fondo y extender alrededor las raíces. Rellenar apisonando bien. Hacer un pequeño alcorque y regar. Atar el tronco al tutor.

Plantación

de un manzano comprado en maceta

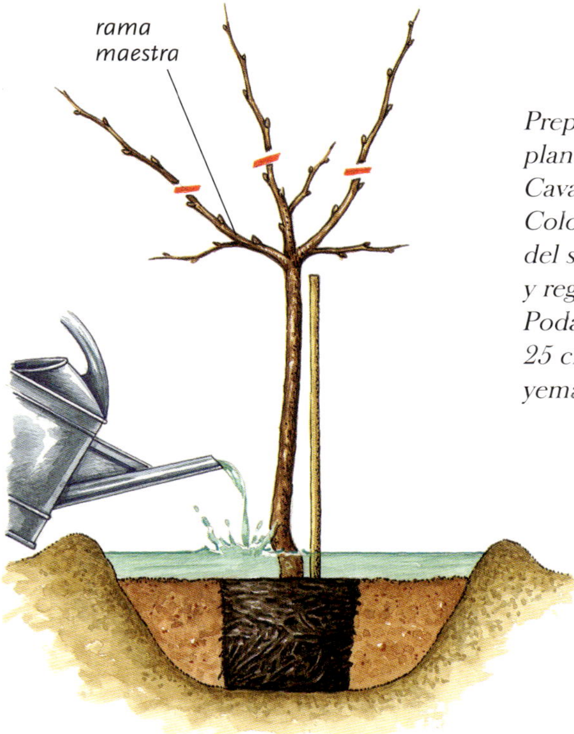

Preparar el suelo como en el caso anterior. En el momento de plantar, meter la maceta en agua antes de sacar la planta. Cavar un agujero de tamaño algo mayor que el del cepellón. Colocar éste en el fondo: la parte superior debe quedar a ras del suelo. Rellenar el hoyo y apisonar bien. Hacer un alcorque y regar.

Podar las ramas maestras para dejarlas de una longitud de 25 cm aproximadamente; cortarlas justo por encima de una yema bien visible orientada hacia fuera.

Variedades recomendadas

'Api Étoilé', 'Belle de Boskoop', 'Belle-Fleur', 'Belleza de Roma', 'Calville Blanca', 'Chailleux', 'De Belle-Fille', 'Delbard Jubileo', 'De l'Estre', 'Elstar', 'Esperiega de Ademuz', 'Fuji', 'Galiaxis', 'Golden Delicious', 'Golden Suprema', 'Granny Smith', 'Harmonie', 'Mundial Gala', 'Red Chief', 'Red Delicious', 'Régali', 'Reina de las reinetas', 'Reineta Ananas', 'Reineta anaranjada de Cox', 'Reineta blanca de Canadá', 'Reineta Clochard', 'Reineta de Caux', 'Reineta de Mans', 'Reineta de Orleans', 'Reineta gris de Canadá', 'Richared', 'Royal Gala', 'Starking', 'Starkrimson', 'Tentation', 'Transparente de Croncels', 'Verde Doncella', 'Winter Banana'.

Poda

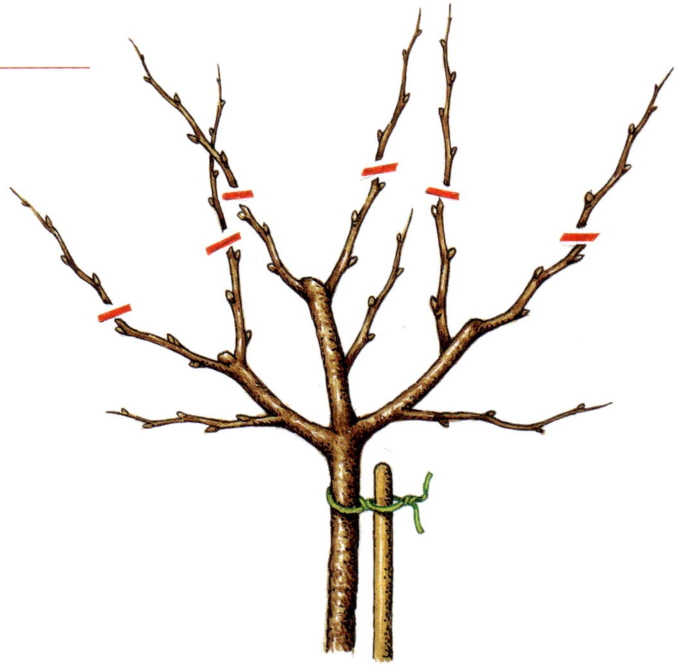

UN AÑO DESPUÉS DE PLANTAR

Si el manzano tenía tres ramas maestras en el momento de la compra, podar las seis nuevas ramas obtenidas a unos 25 cm. No hace falta podar si el árbol contaba ya con seis ramas maestras en el momento de plantarlo.

CADA CINCO AÑOS

Suprimir los chupones (ramas verticales muy vigorosas), las ramas bifurcadas, las que se entrecruzan y las que estorban en el centro del árbol. Recortar el resto alrededor de una cuarta parte.

Mantenimiento

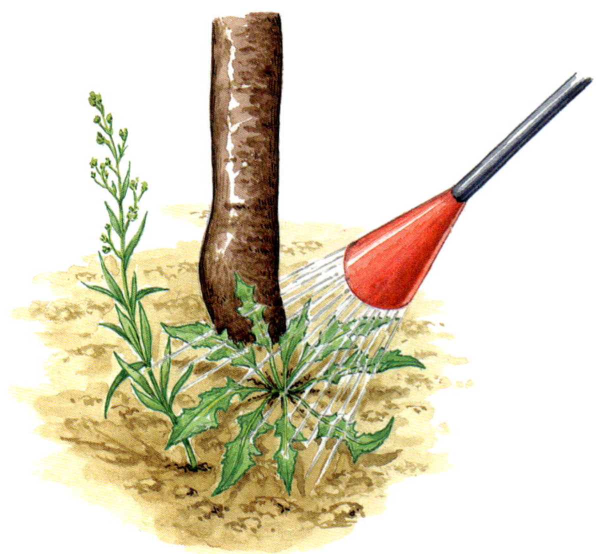

Eliminar las malas hierbas con regularidad y mantener limpia la tierra al pie del manzano joven. Pulverizar un herbicida total a base de glifosato sobre las malas hierbas vivaces o aplicar un herbicida antigerminante sobre la tierra ligeramente removida en primavera.

Cuándo y cómo cultivar
un manzano en palmeta o en cordón

Plantación

Tres meses antes de plantar

En espaldera

Instalar en la pared elegida (3-4 m de altura) un armazón hecho con materiales adquiridos en una tienda de jardinería: varas de hierro y hembrillas para fijar en la pared, alambre, tensores y listones de sección cuadrada de 1,5 cm de lado, que se dispondrán en vertical cada 30 cm.

Excavar al pie del muro una zanja de 60 cm de anchura y otro tanto de profundidad a lo largo del espacio previsto. Añadir a la tierra extraída un abono completo. Rellenar la zanja sin apisonar.

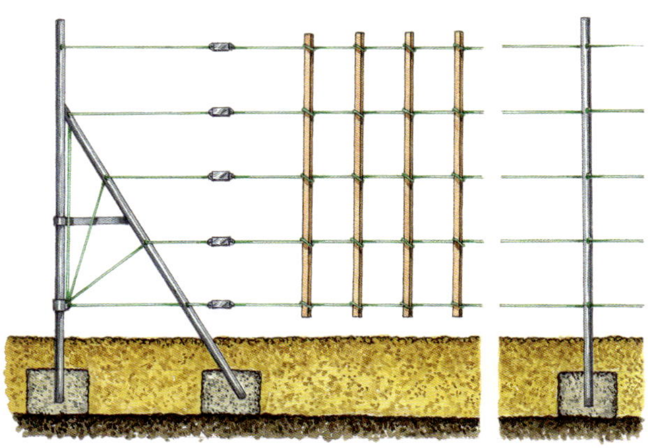

En contraespaldera

Cavar una zanja de 60 cm de ancho y otro tanto de profundidad en el emplazamiento elegido. Poner dos puntales de hierro en T (3-3,50 m de altura) fijados con bloques de cemento en el fondo de la zanja y separados entre sí de 4 a 5 m. Unirlos con alambre y fijar en vertical los listones de madera. Añadir a la tierra extraída un abono completo. Rellenar la zanja sin apisonar una vez construido el armazón.

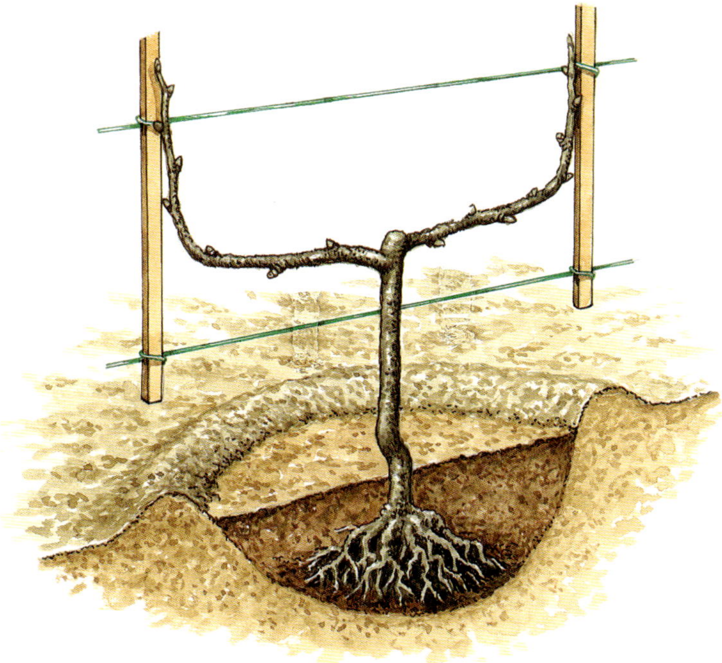

Plantación

EN EL MOMENTO DE PLANTAR

Cavar un agujero algo mayor que las raíces del árbol. Colocar la palmeta y proceder de igual manera que con los árboles de crecimiento libre.
Dejar un espacio de 30 cm entre las ramas maestras de dos árboles contiguos.

Cultivo en cordón horizontal

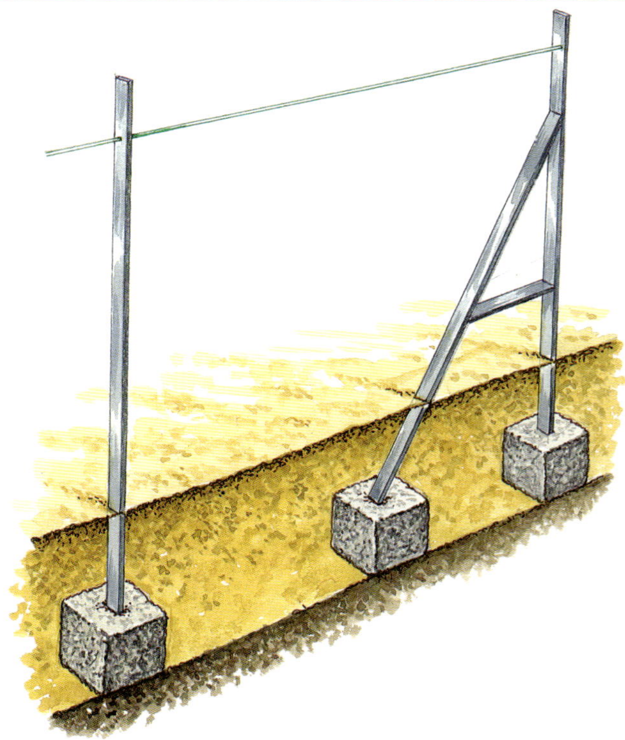

En este caso hay que instalar un armazón idéntico al de la contraespaldera después de haber excavado una zanja apropiada.

Unir los puntales de hierro con un alambre tendido a unos 40-60 cm del suelo. No serán necesarios los listones verticales. Añadir a la tierra extraída un abono completo. Una vez instalado el armazón, rellenar la zanja sin apisonar la tierra.

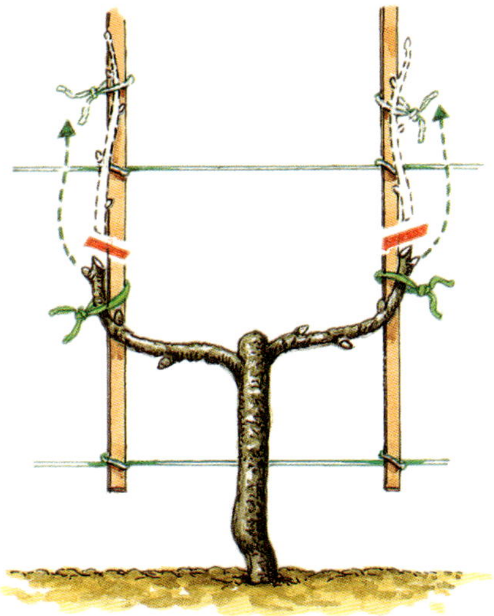

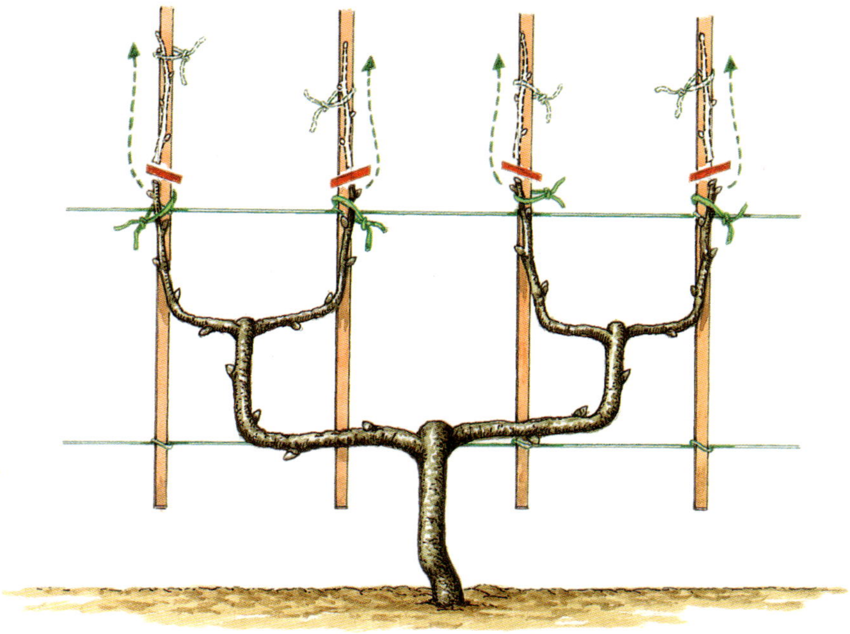

NADA MÁS DESPUÉS DE PLANTAR

Palmeta en U sencilla o doble
Recortar el extremo de las ramas maestras para dejarlas de unos 25 cm, por encima de una yema orientada hacia el frente o hacia un lado.

Palmeta Verrier (reja de 4)
Recortar las dos ramas maestras exteriores para que midan 25 cm; podar las dos ramas centrales para que midan 20 cm. Hay que cortar siempre por encima de una yema orientada hacia un lateral o hacia el frente.

Ir atando las ramas maestras a los listones a medida que vayan creciendo.

Poda de un cordón horizontal o vertical

NADA MÁS DESPUÉS DE PLANTAR

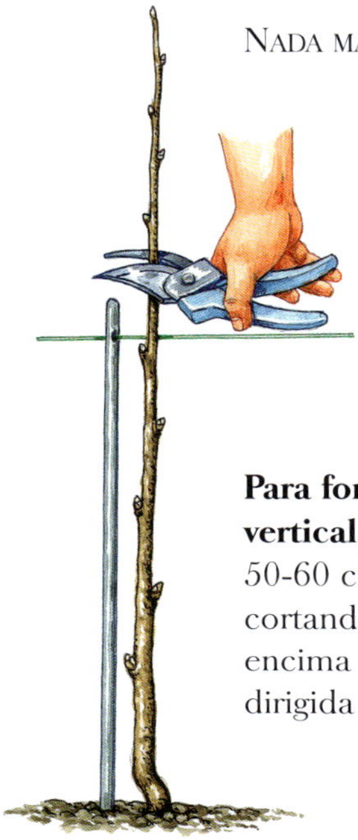

Para formar un cordón vertical, podar el plantón a 50-60 cm del suelo, cortando siempre por encima de una yema dirigida hacia el frente.

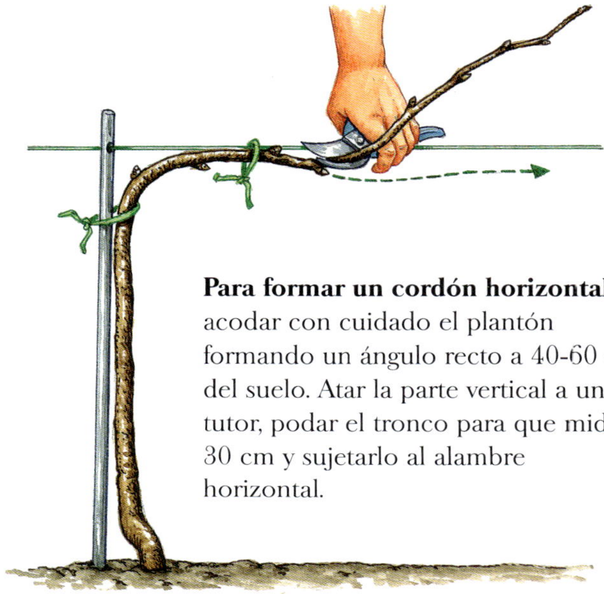

Para formar un cordón horizontal, acodar con cuidado el plantón formando un ángulo recto a 40-60 cm del suelo. Atar la parte vertical a un tutor, podar el tronco para que mida 30 cm y sujetarlo al alambre horizontal.

TODOS LOS AÑOS

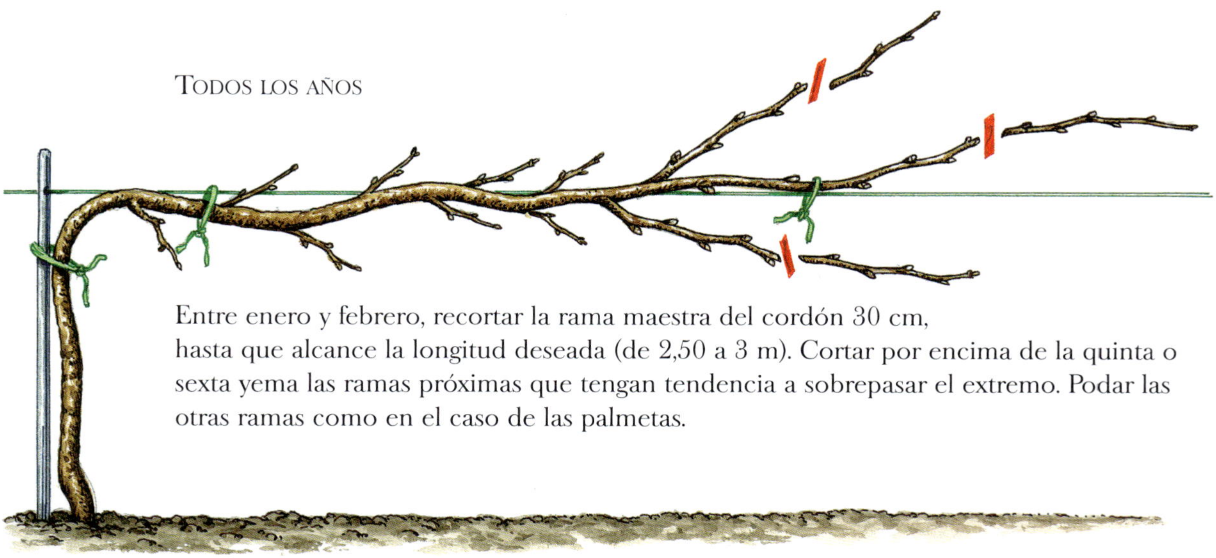

Entre enero y febrero, recortar la rama maestra del cordón 30 cm, hasta que alcance la longitud deseada (de 2,50 a 3 m). Cortar por encima de la quinta o sexta yema las ramas próximas que tengan tendencia a sobrepasar el extremo. Podar las otras ramas como en el caso de las palmetas.

Identificación de los órganos del manzano

Los diferentes órganos del manzano tienen su origen en una yema que evolucionará según el esquema siguiente en función de la cantidad de savia que reciba.

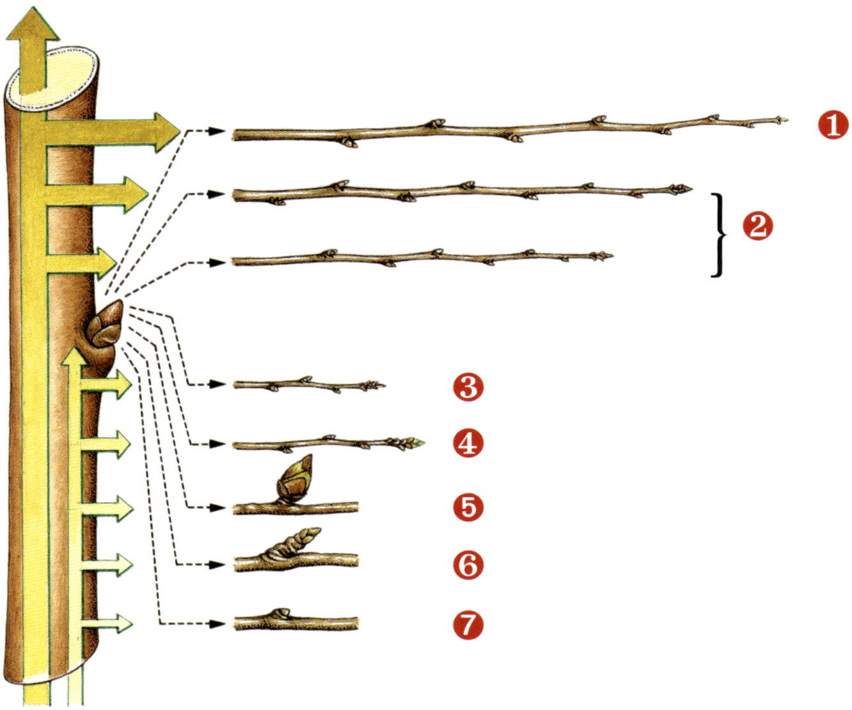

El **chupón** (o rama golosa) ❶ es una rama muy vigorosa que aparece en los codos de las ramas más gruesas (**maestras** o de primer orden). Absorbe buena parte de la savia en detrimento de otras ramificaciones y puede alcanzar más de un metro de longitud en un año. Hay que eliminarlo cortándolo a ras de la rama de la que nace.

La **rama de madera** ❷ es más pequeña que el chupón (crece de 25 a 60 cm en una estación). Tiene en los lados y en la punta **yemas de madera,** puntiagudas y delgadas, que darán lugar a otras ramas de madera (estériles). Mediante una poda adecuada, puede estimularse para que produzca yemas fértiles. En el caso del manzano, es raro que una yema de madera se convierta en un botón floral. Puede, no obstante, producir una ramita que, ésta sí, incluya botones florales. Cuando es muy fina y mide entre 15 y 20 cm de longitud recibe el nombre de **ramilla ❸.**

Durante la poda habrá que respetar todas las ramas que incluyan botones florales, ya que garantizarán la producción de frutos en la siguiente estación. Una ramita delgada puede terminar en un botón floral: en tal caso recibe el nombre de **ramilla coronada ❹.**

El **botón floral** ❺ es una yema que florecerá primero y, más tarde, dará fruto. Es redondeado, globuloso y puntiagudo. Está rodeado por una roseta de seis o más hojas cerradas.

El **dardo** ❻ es una yema puntiaguda, bastante ancha en la base, y que está rodeada por una roseta de dos o tres hojas. Su desarrollo dependerá de la poda a la que sea sometido: puede transformarse en botón floral o producir una rama de madera.

Una **yema latente** ❼ o dormida no produce nada por falta de savia.

Poda

TODOS LOS AÑOS

Entre enero y febrero
Cortar las ramas de madera nacidas de la rama maestra por encima de la tercera yema a partir de su base.

Eliminar todo lo que crezca por encima de las ramillas coronadas (ramas finitas con un botón floral en la punta).

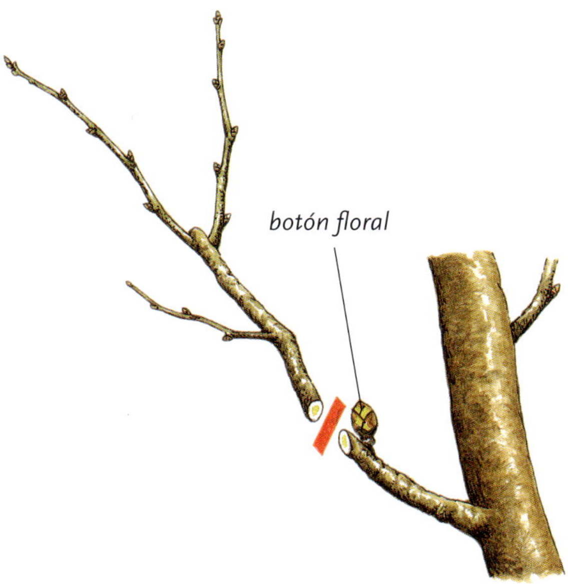

Podar todo lo que crezca por encima de los botones florales.

Si la ramificación que nace de la rama maestra incluye un dardo y una sola ramita apical, cortar esta última por encima de la primera yema a partir de su base.

Si crecen dos ramas por encima del dardo, cortar la más próxima a éste por encima de la segunda yema a partir de su base y eliminar la otra.

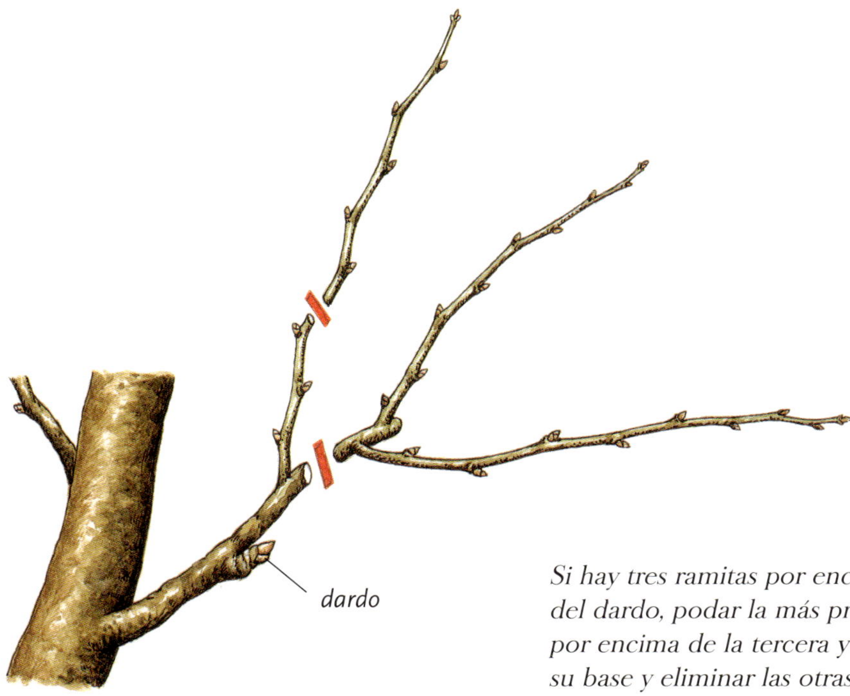

Si hay tres ramitas por encima del dardo, podar la más próxima a éste por encima de la tercera yema desde su base y eliminar las otras dos.

Poda

En junio
Cuando los frutos tengan el tamaño de una nuez, eliminar los más pequeños y conservar sólo una o dos manzanas por grupo (las que estén mejor formadas).

Mantenimiento

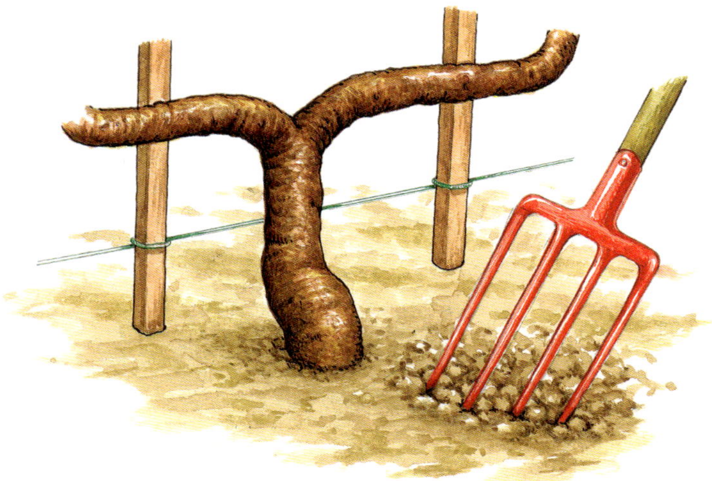

En marzo, remover superficialmente el suelo al pie de las palmetas. Añadir un abono completo y estiércol seco.

Eliminar las malas hierbas y mantener limpia la tierra al pie de las palmetas. Pulverizar con un herbicida total a base de glifosato o aplicar un herbicida antigerminación sobre la tierra removida.

Hay que vigilar la planta y atajar los parásitos y enfermedades apenas se detecten, pues podrían afectar a su correcto desarrollo. Cuando los frutos tengan el tamaño de una nuez, pueden protegerse con bolsas especiales disponibles en los comercios de jardinería (ensacado).
– Enfermedades (tratamiento fungicida): mancha, moniliosis, oídio, chancro del manzano.
– Insectos (tratamiento insecticida): pulgones lanígero, verde y ceniciento, gusano de la manzana.
_ Ácaros (tratamiento acaricida): araña roja.

Recogida

Tras la recolección, aparece sobre la rama un engrosamiento carnoso, llamado bolsa, en el punto de inserción del pedúnculo. La bolsa posee elementos susceptibles de dar fruto, como una ramilla coronada o un dardo, e incluso, a veces, un botón floral.

Recoger los frutos cuando tengan color y empiecen a caer. Tomar la manzana con la mano e imprimirle un movimiento de rotación: debe desprenderse sola. Cosechar las manzanas que se quieran conservar durante el invierno antes de que maduren: terminarán su maduración durante el almacenaje.

Conservación

Guardar las manzanas en cajas (en una sola capa), con el rabo hacia abajo y en un lugar oscuro, fresco (de 3 a 6 °C) y húmedo (humedad del 85%). No deben estar expuestas a heladas y el local debe ventilarse con frecuencia.

★★

Melocotonero

Prunus persica

En regiones cálidas, se planta ya formado (pie alto o medio). En otras zonas se cultiva en espaldera, protegido por un muro bien orientado (al sur o suroeste), aunque no se garantiza el resultado. Prefiere suelos profundos, ligeros y frescos.

Plantación
Noviembre-finales de marzo

Poda
Crecimiento libre: en noviembre; palmetas: en febrero-marzo, cuando empiezan a ser visibles los frutos y tras la recogida

Recogida
De mediados de junio a finales de septiembre (según variedades)

Distancia entre plantas
3,50-4 m (crecimiento libre); 4-5 m (palmetas)

Floración
Finales de febrero a marzo-abril

Cuándo y cómo cultivar un melocotonero de crecimiento libre

Plantación

de un melocotonero a raíz desnuda

TRES MESES ANTES DE PLANTAR

Cavar un hoyo de 1 m de lado y 80 cm de profundidad para mullir bien el suelo. Hundir en el fondo un tutor (1 m más largo que el tronco). Añadir a la tierra extraída un abono completo para frutales y rellenar el hoyo sin apisonar.

Qué forma escoger

1

pie alto *pie medio*

En regiones cálidas se pueden elegir formas de crecimiento libre **(pie alto, medio o bajo)** que tengan ya, al comprarlas, tres ramas maestras (árbol de un año) o seis (árbol de dos años).

En zonas septentrionales, optar por la **palmeta en abanico.** Habrá que darle forma a partir de un arbolito injertado (plantón). Es recomendable una variedad de melocotonero injertado sobre ciruelo.

2

plantón

Cuatro tipos de melocotones

Melocotón verdadero: carne firme, blanca, amarilla o roja, piel vellosa y hueso suelto.
Pavía: carne blanca o amarilla, piel vellosa y hueso adherido; se emplea exclusivamente en conservas industriales.
Nectarina y fresquilla: carne blanca o amarilla, piel lisa y hueso suelto.
Griñón: carne firme, blanca o amarilla, piel lisa y hueso adherido; tienden a desaparecer frente a las nectarinas.

Plantación

de un melocotonero a raíz desnuda

EN EL MOMENTO DE PLANTAR

Cavar un hoyo de tamaño ligeramente superior al de las raíces del árbol que se va a plantar. Cortar las raíces partidas y recortar las otras unos centímetros para favorecer la aparición de nuevas radículas.

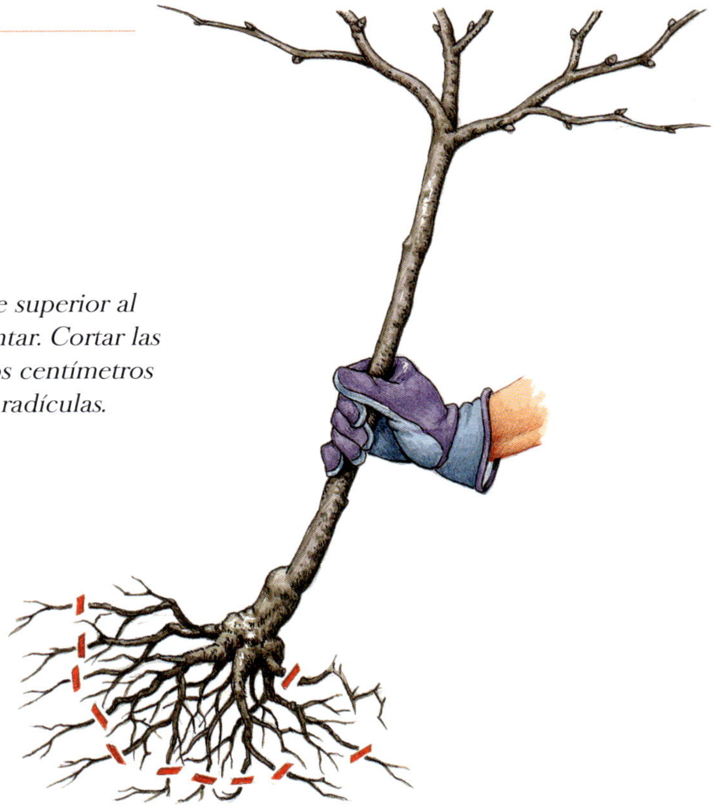

Podar las ramas maestras hasta dejarlas de una longitud aproximada de 30 cm (cortar justo por encima de una yema bien visible orientada hacia el exterior) para equilibrar el volumen del árbol con el del sistema radicular.

Para favorecer el arraigo, empapar las raíces en una mezcla fertilizante de tierra de jardín y agua que tenga consistencia de barro espeso.

Atravesar un palo recto sobre el hoyo para marcar el nivel del suelo: el punto de injerto deberá quedar por encima. Hacer un montoncito de tierra en el fondo del hoyo y extender las raíces a su alrededor. Rellenar, hacer un alcorque y regar. Atar el tronco al tutor.

Plantación

de un melocotonero comprado en maceta

Introducir la maceta en agua antes de extraer el árbol. Cavar un hoyo algo más grande que el tamaño del cepellón. Colocar éste en el fondo: la parte superior debe quedar al nivel del suelo. Rellenar el hoyo y presionar luego la tierra con un palo. Hacer un alcorque y regar.
Podar las ramas maestras justo por encima de una yema bien visible orientada hacia el exterior hasta que tengan unos 30 cm de longitud.

Poda

UN AÑO DESPUÉS DE LA PLANTACIÓN

Si el árbol contaba con tres ramas maestras en el momento de plantarlo, dejar en 25-30 cm seis de las nuevas ramas maestras (las de mayor diámetro). Podar las ramas más pequeñas por encima de la segunda yema. Si el melocotonero tenía ya seis ramas maestras al comprarlo, no hay que podarlo hasta pasados dos o tres años.

CADA TRES AÑOS

Cuando se empiecen a ver los pétalos rosados en el extremo de los botones florales, suprimir las ramas desguarnecidas, las que cada vez tienen menos botones florales durante este periodo. Conservar una rama de madera en la base de la ramificación. Cortarla por encima de la segunda yema de madera más próxima a la rama principal.

Mantenimiento

Desherbar con regularidad y mantener la tierra limpia al pie del melocotonero. Pulverizar un herbicida total a base de glifosato sobre las malas hierbas vivaces o un herbicida antigerminación justo después de remover ligeramente el suelo en primavera.

Variedades recomendadas

Melocotón: 'Alexandra', 'Andromède', 'Caldesi 2000', 'Catherine', 'Grosse Mignonne Temprana', 'Madame Girerd', 'Merryl', 'Miraflores', 'Nazaret', 'Orlandine', 'Queen Giant', 'Reine des vergers', 'Richy Lady', 'Romea', 'Royal Gem', 'Royal Glory', 'Sanguine de Savoie', 'Silver King', 'Silver Rome', 'Silvery', 'Sirius', 'Snow Queen', 'Spring Lady', 'Sun Black', 'Sun Red', 'Téton de Vénus'.
Nectarina: 'Fantasía', 'Galopin', 'Olympio'.
Híbrido melocotón-ciruelo: 'Adarcias'.

Cuándo y cómo cultivar un melocotonero en palmeta

Plantación

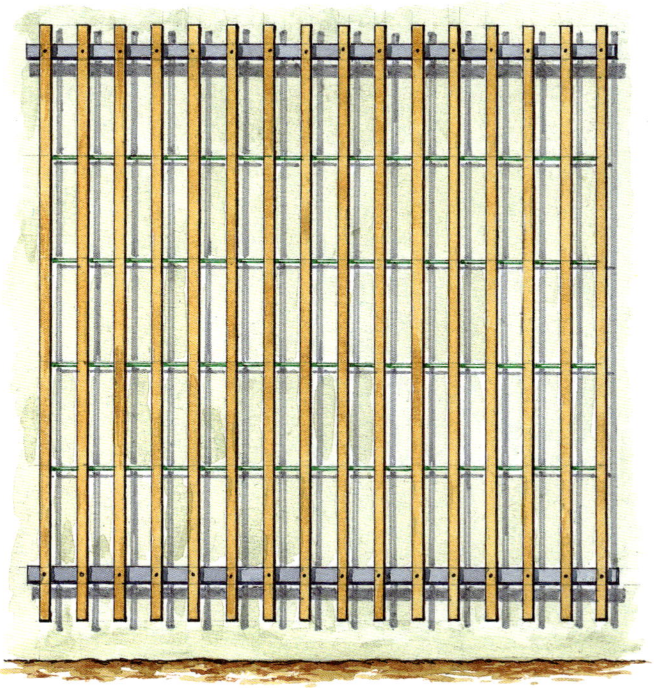

TRES MESES ANTES DE PLANTAR

Instalar contra un muro un armazón de piezas de hierro planas (que se sujetan a la pared en horizontal), alambre y listones de 1,5 x 1,5 cm, espaciados 30 cm en vertical. Cavar una zanja al pie de 60 cm de anchura y otro tanto de profundidad por 2 m de largo para una palmeta. Añadir a la tierra extraída un abono completo y rellenar la zanja sin apisonar.

EN EL MOMENTO DE PLANTAR

Abrir un agujero apenas mayor que el tamaño de las raíces. Proceder de la misma manera que en el caso de un árbol de crecimiento libre. Inclinar ligeramente el arbolito hacia el armazón. Podarlo a 30 cm del suelo por encima de la segunda yema bien visible a partir de la base y orientada hacia el exterior en un costado.

Identificación de órganos del melocotonero

Estos órganos tienen por origen una yema de madera que evolucionará de distinta manera según la cantidad de savia que reciba.

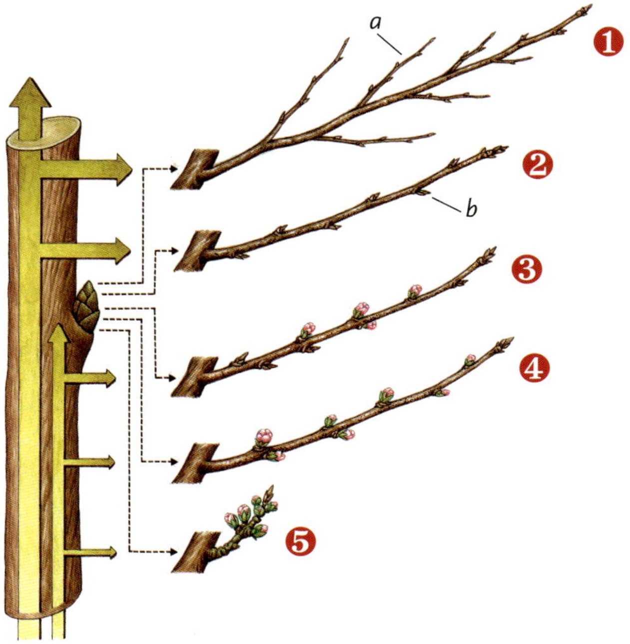

❶ Chupón
Llamado también rama golosa, es una rama de madera muy vigorosa que produce ramificaciones desde el primer año *(a)*.

❷ Rama de madera
Sólo posee **yemas de madera** *(b)*, puntiagudas y finas, de las que surgirán el verano siguiente otras ramificaciones. Si es de vigor medio, una poda apropiada la transformará en rama fértil. Si es muy vigorosa y produce ramificaciones desde el primer año, se trata de un chupón.

❸ Rama mixta
Posee **yemas de madera,** alargadas y puntiagudas, que aseguran el reemplazo, y **botones florales** redondos, que producen frutos. Las diferentes yemas pueden nacer aisladas o en grupos de 2 o 3 (yemas dobles o triples. Un mismo punto de inserción puede incluir yemas de madera y botones florales.

❹ Rama fructífera
Mide entre 15 y 30 cm. Posee **botones florales** y acaba en una **yema de madera terminal.**

❺ Rama florífera o ramúsculo
Es similar a la anterior, pero más corta (de 2 a 5 cm) y cuenta con 5 o 6 **botones florales** y una **yema de madera terminal.**

Poda

UN AÑO DESPUÉS DE LA PLANTACIÓN

A finales del invierno, cortar dos tercios de las dos ramas principales. Podar las demás por encima de la segunda yema bien visible a partir de la base y dirigida hacia el exterior.

TODOS LOS AÑOS

En febrero o marzo

Cuando empiezan a distinguirse los pétalos rosados en el extremo de los botones florales, podar todas las ramas que no contengan botones (ramas de madera) por encima de la segunda yema bien visible a partir de su base.

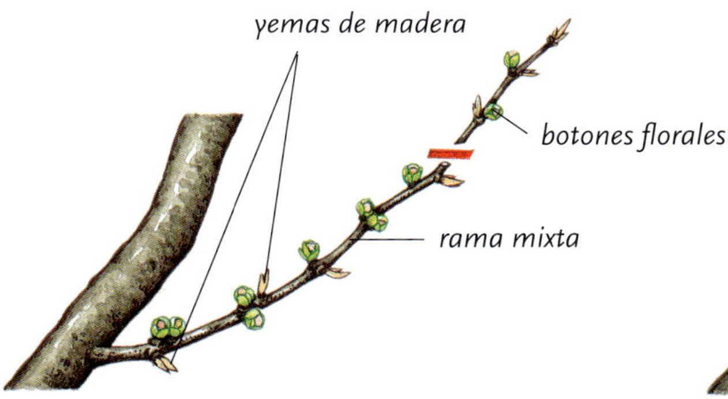

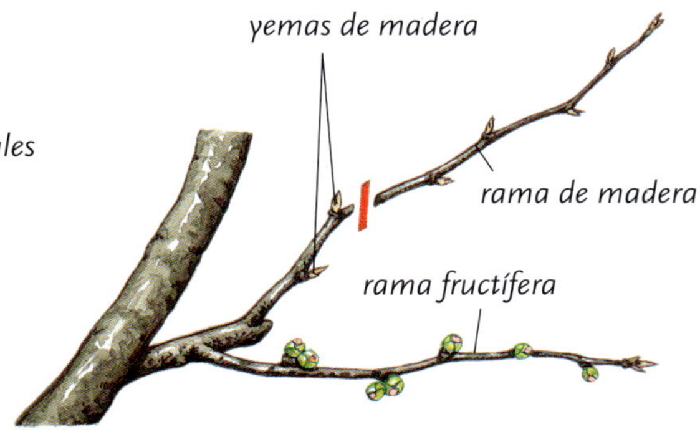

Cortar las ramas mixtas por encima del cuarto o quinto grupo de flores a partir de la base. Conservar dos yemas de madera en la base: producirán en el futuro dos ramas de reemplazo. Localizar las ramas fructíferas y respetarlas. No podar nunca una fructífera, sino la que esté situada justo por encima: cortarla sobre la segunda yema de madera para permitir que se produzca su sustitución.

De finales de abril a principios de mayo
Al crecer los frutos de una rama productiva, cortar ésta por encima del tercer grupo de frutos. Sujetar a los listones las dos ramas situadas en su base. Eliminar frutos jóvenes dejando sólo dos o tres por rama (aclareo). Cortar por encima de la tercera o cuarta hoja a partir de su base las ramas que crezcan donde están los frutos. Cortar todos los demás brotes.

Después de la recolección
Cortar la rama productora de frutos por encima de la segunda ramificación a partir de su base. Si los frutos se desprenden antes de tiempo, se puede podar justo después de la caída.

Mantenimiento

En marzo, remover ligeramente el suelo al pie de la palmeta, con cuidado de no dañar las raíces superficiales. Al mismo tiempo, incorporar un abono completo especial para árboles frutales junto con estiércol seco.

Durante el periodo vegetativo, ir dirigiendo las ramas y atándolas a la espaldera para darles forma de abanico.

Hay que vigilar el árbol y atajar parásitos y enfermedades apenas se detecten, pues podrían afectar a su correcto desarrollo.
– Enfermedades (tratamiento fungicida): moniliosis, oídio, corineo o mal de munición, abolladura del melocotonero.
– Insectos (tratamiento insecticida): pulgones verde, negro y harinoso, gorgojo, mosca mediterránea, polilla oriental.
_ Ácaros (tratamiento acaricida): araña roja.

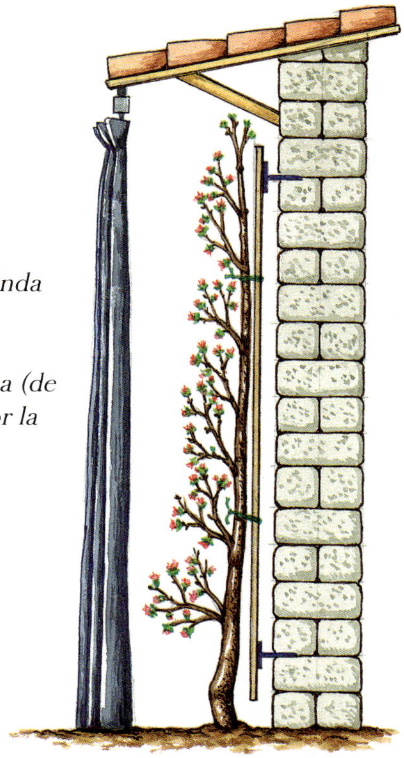

Para aumentar la protección que brinda el muro a las plantas en espaldera, instalar delante de las palmetas, al comienzo de la floración, una cortina (de yute, por ejemplo) que se correrá por la noche para proteger la planta de las heladas primaverales.

Como en el caso de un melocotonero de crecimiento libre, desherbar y mantener limpia la tierra al pie de la palmeta. Pulverizar un herbicida total a base de glifosato sobre las malas hierbas vivaces o usar un herbicida antigerminación justo después de remover el suelo en primavera.

Recogida

Cosechar los melocotones cuando estén bien coloreados y blandos en el punto de inserción. Tomarlos en la palma de la mano y girarlos un poco. Se desprenden fácilmente con su pedúnculo. Depositar los frutos con cuidado en un cesto acolchado para evitar que se magullen.

Los melocotones se conservan de 2 a 3 semanas a una temperatura constante (entre 0 y 10 °C) y con una humedad ambiental del 85%.

Membrillero

Cydonia oblonga

Cuándo y cómo cultivarlo

El membrillero se cultiva en todas las regiones con otoños cálidos –necesita calor para que maduren sus frutos– y donde las heladas primaverales no son demasiado intensas, ya que sus flores son muy sensibles a ellas. Hay que buscarle un lugar al sol, con suelo consistente y fresco, preferiblemente no calizo.

Plantación
Noviembre-finales de marzo
Poda
Noviembre-finales de febrero
Recogida
De septiembre a principios de noviembre (según la variedad y la región)
Distancia entre plantas
De 6 a 7 m
Floración
En mayo

Plantación
de un membrillero a raíz desnuda

TRES MESES ANTES DE PLANTAR
Cavar un agujero de 1 m de lado y 80 cm de profundidad para mullir el suelo. Clavar un tutor (1 m más alto que el tronco) en el fondo del hoyo. Añadir a la tierra un abono completo especial para frutales. Rellenar sin apisonar.

Qué forma escoger

Lo habitual es adquirir un membrillero de crecimiento libre con **pie medio.**

Variedades recomendadas

'Común', 'Champion', 'De Angers', 'De Bereczki', 'De Fontenay', 'De Portugal', 'Monstrueux de Vranja' (también llamada 'Breija'), 'Vau de Mau'.

Plantación

de un membrillero a raíz desnuda

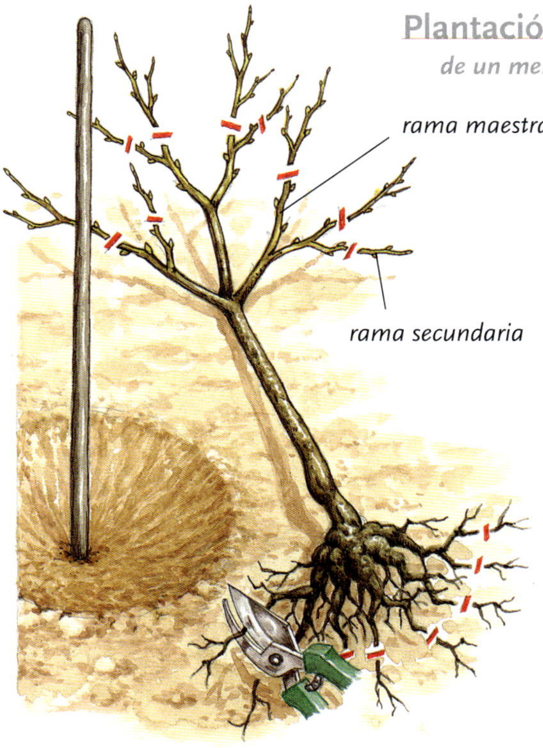

EN EL MOMENTO DE PLANTAR

Excavar un hoyo ligeramente mayor que el tamaño de las raíces. Cortar las que estén dañadas y recortar el resto. Podar las ramas maestras haciendo que midan 25-30 cm, cortando por encima de una yema orientada hacia el exterior. El resto de ramas se poda por encima de la segunda yema a partir de su base.

Para garantizar un mejor arraigo del árbol, empapar las raíces en una mezcla de tierra de jardín y agua con consistencia de barro espeso.

Poner transversalmente sobre el hoyo un palo recto: el punto de injerto de la base del tronco debe quedar por encima. Añadir más tierra si es necesario. Formar en el fondo del hoyo una montañita de tierra y extender las raíces encima. Rellenar sin apisonar. Hacer un pequeño alcorque y regar. Atar el tronco al tutor.

Plantación

de un membrillero comprado en maceta

Preparar el suelo como se indicó anteriormente. Introducir el tiesto en agua unos minutos. Excavar un hoyo algo mayor que el cepellón y colocar éste en el fondo: la parte de arriba debe quedar a ras del suelo. Rellenar apisonando bien. Hacer un alcorque y regar. Podar de la misma manera que el membrillero a raíz desnuda.

Poda

Cada cuatro o cinco años, entre noviembre y finales de febrero, eliminar las ramas muertas y las que crezcan hacia el centro. Recortar las demás 15-20 cm para estimular el desarrollo de nuevas ramas: serán éstas las que produzcan los frutos.

Cubrir bien los cortes más importantes producidos por la poda (más de 3-5 cm de diámetro) con masilla cicatrizante.

Mantenimiento

Eliminar las malas hierbas y mantener limpio el pie del árbol. Pulverizar un herbicida a base de glifosato sobre las malas hierbas vivaces.

Hay que vigilar la planta y atajar los parásitos y enfermedades apenas se detecten, pues podrían afectar a su correcto desarrollo.
– Enfermedades (tratamiento fungicida): moniliosis, moteado, mancha, entomosporiosis, septoriosis, oídio.
– Insectos (tratamiento insecticida): pulgón.

Recogida

Cosechar en otoño, lo más tarde posible (antes de las primeras heladas), cuando caigan los primeros frutos: la piel estará bien coloreada y la pelusa que recubre los membrillos desaparece al frotarlos. Arrancar los frutos con el pedúnculo. Se conservan poco tiempo (de dos a tres semanas).

No hay que guardar los membrillos cerca de otros frutos que se quieran conservar: su intenso aroma acelera el desarrollo de los demás frutos.

★

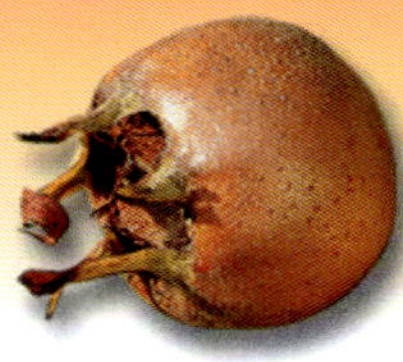

Níspero de invierno

Eriobothrya japonica, Mespilus germanica

Los nísperos (japonés y europeo, el de invierno) se pueden plantar en todas partes, excepto en áreas muy secas y con temperaturas elevadas. Soportan hasta -20 °C. Se adaptan a todo tipo de suelos, incluso a los calizos, pedregosos y con poca profundidad. No obstante, prefieren los terrenos ricos y bien drenados.

Plantación
De noviembre a finales de marzo
Poda
De noviembre a finales de marzo
Recogida
De noviembre a principios de diciembre
Distancia entre plantas
De 5 a 6 m
Floración
De mayo a junio

Cuándo y cómo cultivar un níspero de crecimiento libre

Plantación

de un níspero a raíz desnuda

TRES MESES ANTES DE PLANTAR

Cavar un hoyo de 1 m de lado y 80 cm de profundidad para mullir el suelo. Clavar en el fondo un tutor 1 m más alto que el tronco del árbol. Añadir a la tierra extraída un abono completo especial para árboles frutales. Rellenar el hoyo sin apisonar.

Qué forma escoger

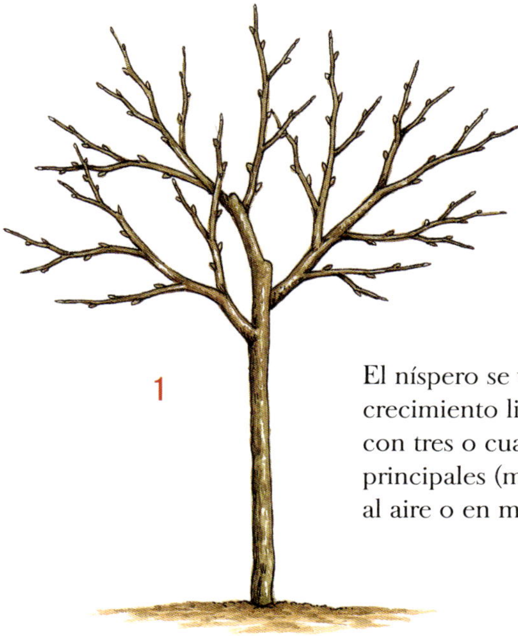

1

El níspero se vende ya formado en crecimiento libre con **pie alto,** con tres o cuatro ramas principales (maestras) y las raíces al aire o en maceta.

2

También se puede comprar un árbol joven (un plantón) con las raíces desnudas o en maceta, para darle **forma arbustiva.**

Variedades recomendadas

Japonés: 'Advance', 'Algerie', 'Chapagne', 'Golden Nuget', 'Indostac', 'Magdall', 'Premier', 'Rojo Temprano', 'Tamaka', 'Thales'.
Europeo, de invierno o níspola: 'Níspero de frutos grandes', 'Precoz de Nottingham'.

Plantación

de un níspero a raíz desnuda

En el momento de plantar

Cavar un hoyo ligeramente más grande que las raíces. Cortar las que estén dañadas o partidas, y recortar unos centímetros las demás. Podar las ramas maestras dejándolas de 25-30 cm de longitud.

Empapar las raíces en una mezcla de tierra de jardín y agua para favorecer un buen arraigo del árbol.

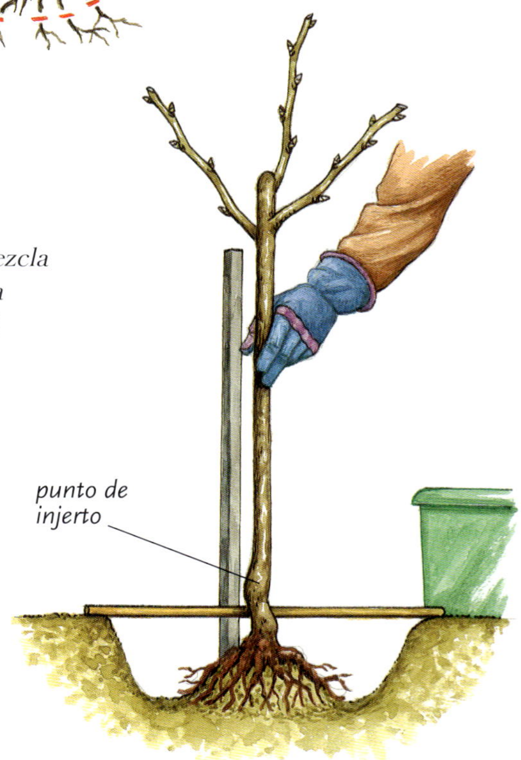

Con ayuda de un palo recto, comprobar que el punto de injerto de la base del tronco queda por encima del nivel del suelo. Añadir tierra al hoyo en caso necesario. Formar una montañita en el fondo y extender sobre ella las raíces. Rellenar el agujero apisonando la tierra. Preparar un alcorque y regar. Unir el tronco al tutor.

Plantación

de un níspero comprado en maceta

Preparar el suelo como en el caso anterior. En el momento de plantar, introducir el tiesto en agua. Cavar un hoyo algo mayor que el tamaño del cepellón e introducir éste en el agujero: la parte superior debe quedar a ras del suelo. Rellenar apisonando bien la tierra. Hacer un alcorque y regar.
Podar las ramas como en el caso del níspero a raíz desnuda. Usar un tutor en posición oblicua, inclinado en dirección contraria a la del viento dominante, para mantener el tronco bien derecho.

Poda

Cada cinco años, podar las ramas más gruesas justo por encima de las ramas jóvenes nacidas cerca de su base. Suprimir las ramas demasiado vigorosas, casi verticales, que se desarrollen hacia el centro del árbol (chupones), así como la madera muerta, siempre abundante en el níspero.

Sea cual sea la forma del níspero, hay que mantener limpio el suelo en su base. Pulverizar con un herbicida total a base de glifosato las malas hierbas vivaces.

Cuándo y cómo cultivar un níspero de forma arbustiva

Plantación

de un plantón a raíz desnuda

Preparar el hoyo de la misma forma que en casos anteriores. No será necesario usar un tutor. Después de plantar el arbolito, podarlo por encima de la cuarta o la quinta yema a partir de su base.

Si el árbol viene con cepellón, proceder de la misma manera que en el caso del níspero de pie alto comprado en contenedor.

Poda

Cada cuatro o cinco años, recortar las ramas maestras por encima de las ramificaciones jóvenes nacidas más cerca de su base. Seleccionar los renuevos más vigorosos al pie del arbusto para reemplazar a las ramas viejas, que se cortarán a ras del suelo.

No hay que olvidarse de extender masilla cicatrizante sobre los cortes de mayor diámetro.

Recogida

Tras las primeras heladas, recoger los frutos caídos al suelo. La carne será agria y astringente: disponerlos sobre un lecho de paja en un lugar fresco hasta que estén en condiciones de consumirlos, es decir, bien maduros. Palparlos de vez en cuando e ir comiéndolos cuando estén blandos al tacto.

Hay que vigilar la planta y atajar los parásitos y enfermedades apenas se detecten, ya que podrían afectar a su correcto desarrollo.
– Enfermedades (tratamiento fungicida): moniliosis y oídio.
– Insectos (tratamiento insecticida): cochinilla.

Nogal

Juglans regia

Cuándo y cómo cultivarlo

Ya sea de brotación precoz o tardía, al nogal no le agradan el calor ni las altitudes superiores a 750 m. Aunque resiste el frío en invierno (hasta -20 °C), las ramas jóvenes se resienten con las heladas primaverales (menos de 0 °C). Hay que plantarlo en lugar protegido, en suelo rico, profundo, permeable y arcilloso-silíceo. Tolera bien la cal.

Plantación
Noviembre-finales de marzo
Poda
Octubre-finales de noviembre
Recogida
Septiembre-finales de octubre
Distancia entre plantas
De 12 a 20 m (injerto sobre nogal blanco); de 7 a 9 m (injerto sobre nogal negro)
Floración
De finales de mayo a junio

Plantación

TRES MESES ANTES DE PLANTAR

Cavar un hoyo de 1 m de lado y 80 cm de profundidad para mullir el suelo. Clavar en el fondo un tutor (1 m más alto que el tronco). Añadir a la tierra un abono de fondo especial para árboles frutales. Rellenar el hoyo sin apisonar.

Qué forma escoger

El nogal se cultiva en crecimiento libre con **pie alto.** Se vende con las raíces desnudas y al menos tres ramas maestras bien formadas y algunas ramificaciones.

Variedades recomendadas

Europeas: 'Baldo II', 'Bijou', 'Candelou', 'Carcagente', 'Cerda', 'Chaberte', 'Corne', 'Escriva', 'Franquette', 'Grandjean', 'Marbot', 'Mayette', 'Meylannaise', 'Parisina', 'Pieral-Lara', 'Ronde de Montignac', 'Villena'.
Californianas: 'Amigo', 'Chico', 'Hartley', 'Payne', 'Pedro', 'Pioneer', 'Serr', 'Tehama', 'Vina'.

Las flores masculinas y femeninas son diferentes. Las primeras aparecen en amentos sobre ramas del año anterior, las segundas en grupos de 2 o 4 en el extremo de los brotes jóvenes. La floración puede ser proterándrica (flores masculinas antes que las femeninas), homógama (al mismo tiempo) y proteroginica (flores femeninas antes que las masculinas).

Plantación

EN EL MOMENTO DE PLANTAR

Cavar un hoyo algo mayor que el tamaño que las raíces. Cortar las raíces dañadas y recortar el resto. Podar un tercio las ramas maestras. Conservar una ramificación vigorosa en cada rama maestra y cortar las otras. Empapar las raíces en una mezcla de tierra de jardín y agua para garantizar un mejor arraigo del árbol.

Con ayuda de un palo recto comprobar que el punto de injerto de la base del tronco quede por encima del nivel del suelo. Añadir tierra si es necesario. Formar un pequeño montón de tierra en el fondo del agujero y extender por encima las raíces. Rellenar sin apisonar. Hacer un pequeño alcorque y regar. Sujetar el tronco al tutor.

Poda

Cada cinco a diez años, entre octubre y finales de noviembre, eliminar las ramas jóvenes demasiado vigorosas que crecen en vertical entre el ramaje, los llamados chupones.

Al nogal no le agrada la poda. Lo ideal es plantarlo en un lugar lo suficientemente despejado para que pueda desarrollar su forma espontáneamente.

El nogal tiene la madera hueca: los cortes provocan puntos débiles que favorecen la aparición de parásitos o enfermedades. Hay que podarlo lo menos posible y no olvidarse de cubrir con masilla cicatrizante las heridas de más de 3 cm de diámetro provocadas por la poda.

Mantenimiento

Hay que mantener limpio el pie del nogal joven. Pulverizar las malas hierbas con un herbicida total a base de glifosato.

Hay que vigilar la planta y atajar los parásitos y enfermedades apenas se detecten, ya que podrían afectar a su desarrollo.
– Enfermedades (tratamiento fungicida): antracnosis del nogal, tinta.
– Insectos (tratamiento insecticida): carpocapsa o gusano del nogal, cochinilla, pulgón del nogal.
– Ácaros (tratamiento acaricida): ácaro fitófago del nogal.

Recogida

Cuando las nueces empiezan a caer al suelo, ha llegado el momento de la recolección. Extender telas de saco o yute al pie de los árboles y sacudir sus ramas con pértigas o cañas largas.

Conservación

Amontonar la cosecha al aire libre durante unos días hasta que se abra la envoltura verde (mesocarpo). Eliminar la parte carnosa y guardar las nueces en cajas (en una sola capa). Pueden conservarse varios meses en un local seco a una temperatura aproximada de 5 °C.

★★

Olivo

Olea europaea

Cuándo y cómo cultivarlo

Los olivos pueden plantarse directamente en el suelo en regiones cálidas (cerca del mar la cosecha será menor). En otras zonas (riesgo de heladas por debajo de -8 °C) será necesario cultivarlos en maceta, únicamente con fines ornamentales. Prefieren emplazamientos soleados y se adaptan a todo tipo de suelos, incluso a los más pobres.

Plantación
Noviembre-finales de marzo
Poda
En febrero
Recogida
En octubre (olivas verdes); en diciembre (olivas negras)
Distancia entre plantas
6 m (crecimiento libre); 5 m (formas arbustivas)
Floración
De mayo a junio

Plantación

TRES MESES ANTES DE PLANTAR

Cavar un hoyo de 80 cm en todas direcciones para mullir el suelo en profundidad. Incorporar a la tierra extraída un abono completo para frutales. Rellenar el agujero sin apisonar la tierra.

Qué forma escoger

1

Los olivos se forman generalmente sobre un tronco corto **(pie bajo).** Suelen venderse en maceta.

2

En regiones frías, habrá que plantarlo en algún tipo de **maceta.** Posteriormente, se le dará forma **arbustiva.**

Variedades recomendadas

Aceite: 'Alameña', 'Arbequina', 'Chorúa', 'Cornezuelo', 'Cornicabra', 'Empeltre', 'Escarabajuela', 'Hojiblanca', 'Lechín de Granada', 'Lechín de Sevilla', 'Loaime', 'Lucio', 'Manzanilla de Jaén', 'Morrut', 'Negrilla Iznalloz', 'Pajarero', 'Picual', 'Royal', 'Verdal' o 'Jabata', 'Verdial Badajoz'.

Mesa: 'Aloreña', 'Azofairón', 'Cañivana', 'Cordobí', 'Cuquillo', 'Gordalilla', 'Morona', 'Pico Limón', 'Rapazalla'.

Aceite y mesa: 'Gordal de Granada', 'Manzanilla cacereña', 'Manzanilla sevillana', 'Picuda', 'Verdial'.

Plantación

EN EL MOMENTO DE PLANTAR

Seleccionar cinco ramas maestras (las principales, de mayor diámetro) bien separadas las unas de las otras. Eliminar el resto, así como las ramas jóvenes que crezcan sobre el tronco.

Para darle forma arbustiva, no podar las ramas bajas.

Introducir la maceta en agua. Cavar un hoyo algo mayor que el cepellón y poner éste en el fondo: la parte superior debe quedar a ras del suelo. Rellenar el hoyo apisonando bien la tierra. Hacer un alcorque y regar.

Para un olivo de pie bajo, poner un tutor inclinado en sentido contrario al del viento dominante en la zona.

Poda

CADA DOS O TRES AÑOS

Olivos jóvenes

Suprimir las ramas fructíferas con el fin de conservar en cada rama maestra sólo una fructífera cada 15 cm aproximadamente.

Cortar las ramas que se hayan doblado por el peso de los frutos justo por encima de los brotes vigorosos que se habrán desarrollado en su base.

Hay que mantener la tierra despejada y limpia al pie del joven olivo. Pulverizar un herbicida total a base de glifosato sobre las malas hierbas.

No hay que olvidarse de aplicar masilla cicatrizante a las heridas de poda que superen los 3 cm de diámetro.

Poda

CADA CINCO O SEIS AÑOS

Olivos viejos

Cortar las ramas que crezcan hacia dentro, las que estén enfermas y la madera muerta. Recortar aproximadamente un tercio de la longitud del extremo de las ramas más vigorosas.

Hay que vigilar la planta y atajar los parásitos y enfermedades apenas se detecten, ya que podrían afectar a su correcto desarrollo.

– Enfermedades (tratamiento fungicida): mancha en ojo del olivo.

– Insectos (tratamiento insecticida): mosca del olivo, cochinilla negra, sarna.

Recogida

Las aceitunas se recogen en octubre (aceitunas verdes) o en diciembre (aceitunas negras), de una en una y a mano, arrancándolas con su pedúnculo.

En las regiones cálidas el olivo empieza a producir en torno a los 8 años y da alrededor de 25 kg de aceitunas.

Las olivas verdes se recogen antes de que terminen de madurar y se conservan en salmuera. Las negras se cosechan maduras y se preparan en conserva o se prensan para obtener aceite. El obtenido de la primera presión en frío es el llamado «aceite de oliva virgen».

★★

Peral

Pyrus communis

El peral se cultiva en todas partes por debajo de los 1.000 m de altitud. Exige un suelo consistente y arcilloso, rico y fresco, aunque permeable y, sobre todo, no calizo. En espaldera o contraespaldera (palmetas), se debe orientar hacia el sureste o el suroeste.

Plantación
De noviembre a marzo
Poda
En noviembre (crecimiento libre); enero-febrero y mayo (palmetas)
Recogida
De julio a finales de octubre
Distancia entre plantas
7-8 m (crecimiento libre); 30 cm-1,20 m (palmetas y cordones verticales)
Floración
De mediados de marzo a principios de abril (según variedad y región)

Cuándo y cómo cultivar un peral de crecimiento libre

Plantación

de un peral a raíz desnuda

TRES MESES ANTES DE PLANTAR

Cavar un hoyo de 1 m de lado y 80 cm de profundidad. Clavar un tutor en el fondo del agujero (1 m más alto que el tronco). Añadir un abono completo para frutales a la tierra extraída y rellenar el hoyo sin apisonar.

Qué forma escoger

EN UN JARDÍN GRANDE

Optar por árboles de crecimiento libre (**pie alto** o **medio**) que tengan ya en el momento de la compra entre tres y seis ramas maestras.

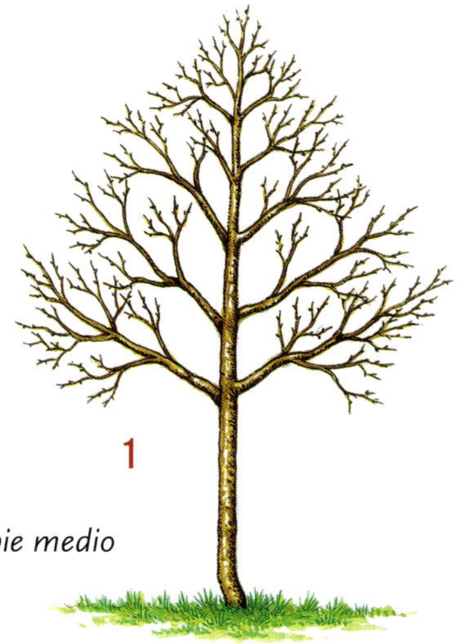

1

pie medio

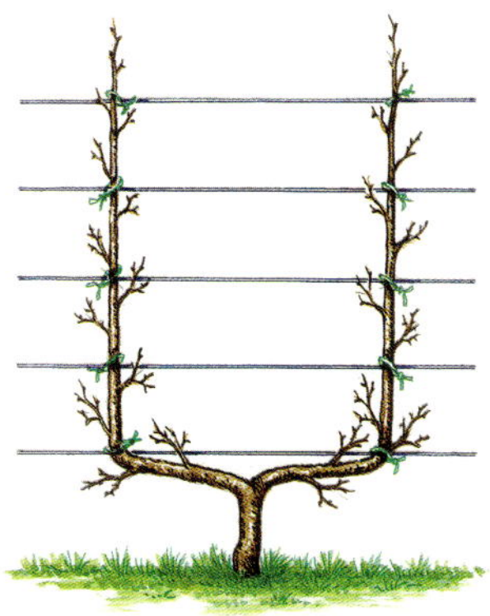

palmeta en U sencilla

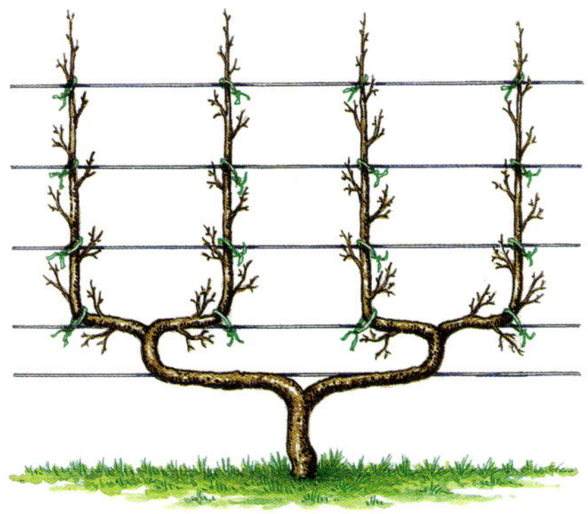

palmeta en U doble

2

palmeta Verrier

cordón vertical

3

EN UN JARDÍN PEQUEÑO

Los perales en **palmeta** son fáciles de mantener: U sencilla, U doble, palmeta Verrier. Adosarlos contra un muro de 3-4 m de altura (en espaldera) o apoyarlos sobre un armazón de 2,50-3 m no adosado a un muro (contraespaldera).

SI HAY POCO ESPACIO

Con cordones verticales, cada uno de una variedad y distanciados 30 cm, se puede cultivar una colección de perales. Es fácil formar un **cordón vertical** a partir de un plantón.

Plantación

de un peral a raíz desnuda

EN EL MOMENTO DE PLANTAR

Cavar un agujero ligeramente mayor que el tamaño de las raíces. Cortar las que estén dañadas y recortar el resto unos centímetros. Podar todas las ramas para dejarlas de unos 25 cm de longitud, justo por encima de una yema bien visible orientada hacia el exterior.

Empapar las raíces en tierra mezclada con agua. Atravesar un palo recto sobre el agujero: el punto de injerto de la base del tronco debe quedar por encima de él. Añadir tierra si es necesario. Formar un montoncito en el fondo del hoyo y extender las raíces por encima. Rellenar sin apisonar, formando un pequeño alcorque, y regar. Atar el tronco al tutor.

Plantación

de un peral comprado en maceta

Preparar el suelo como si se tratase de un ejemplar a raíz desnuda. En el momento de plantarlo, introducir el contenedor en agua antes de sacar el árbol. Cavar un hoyo algo mayor que el cepellón. Colocar éste en el fondo: su parte superior debe quedar a ras del suelo. Rellenar apisonando bien la tierra. Hacer un alcorque y regar.
Podar las ramas maestras dándoles una longitud aproximada de 25 cm.

Variedades recomendadas

'Anjou', 'Bartlett', 'Blanca de Aranjuez', 'Blanquilla Etrusca', 'Bosc', 'Buen Cristiano William's', 'Cañella', 'Comice', 'Conferencia', 'De Roma', 'De San Juan', 'Delbard de otoño', 'Duchesse d'Angoulême', 'Ercolini', 'Fertilia Delbard', 'Grand Champion', 'Hardy', 'Highland', 'Jules Guyot' o 'Limonera', 'Louise Bonne d'Avranches', 'Malines', 'Mantecosa Giffard', 'Mantecosa Precoz Moretini', 'Mantecosa Superfina', 'Passa Crassana', 'Soldat-Laboureur', 'Sucrée de Montluçon', 'Tosca', 'Triunfo de Viena'.

Poda

UN AÑO DESPUÉS DE PLANTAR

Si el peral contaba con tres ramas maestras en el momento de plantarlo, podar las seis nuevas ramas de primer orden de las que dispondrá ahora hasta dejarlas de unos 25 cm.
Si el peral ya tenía seis ramas maestras en el momento de la plantación, no es preciso podarlo al año siguiente.

CADA CINCO AÑOS

Suprimir los chupones (ramas verticales muy vigorosas), las ramas que se entrecrucen y las que estorben en el centro del árbol. Recortar alrededor de una cuarta parte las otras, preservando la forma piramidal natural de este árbol.

Mantenimiento

Desherbar y mantener la tierra limpia al pie del joven peral. Pulverizar un herbicida total a base de glifosato sobre las malas hierbas vivaces o aplicar un herbicida antigerminación en la tierra al removerla ligeramente en primavera.

Cuándo y cómo cultivar
un peral en palmeta o en cordón vertical

Plantación

TRES MESES ANTES DE PLANTAR

Espaldera

Cavar una zanja de 60 cm de ancho y otro tanto de profundidad a lo largo de la futura plantación. Añadir a la tierra extraída un abono completo. Rellenar sin apisonar. Instalar contra un muro de 2,50 a 3 m un armazón hecho con hembrillas, alambre, tensores y listones de sección cuadrada de 1,5 cm de lado, que se dispondrán en vertical cada 30 cm.

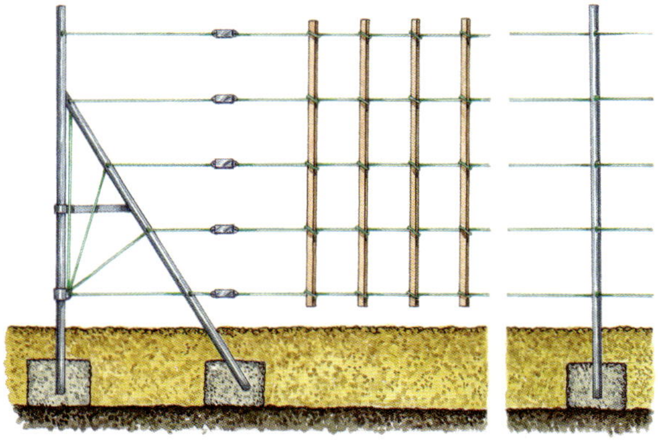

Contraespaldera

Enterrar postes metálicos en T anclados con bloques de cemento en el fondo de la zanja antes de rellenar ésta. Dejar una distancia entre postes de 4 a 5 m y unirlos con varias líneas de alambre. Fijar a los alambres los listones de madera cada 30 cm.

EN EL MOMENTO DE PLANTAR

Cavar hoyos de un tamaño algo superior al de las raíces. Dejar unos 30 cm entre las ramas maestras de dos árboles contiguos. Poner el peral en el fondo del agujero y rellenar de la misma manera indicada antes para los árboles de crecimiento libre.

Cultivar un peral en cordón vertical

Entre noviembre y marzo, plantar de la misma manera que en el caso de un peral en palmeta, siguiendo la vertical de un armazón previamente preparado (apoyado o no contra un muro). Situar el arbolito, con una sola rama vertical, delante de un listón. Podarlo a unos 50 o 60 cm del suelo, cortando justo por encima de una yema situada hacia el frente.

Hecho esto, el peral en cordón vertical se poda y mantiene exactamente igual que uno en palmeta.

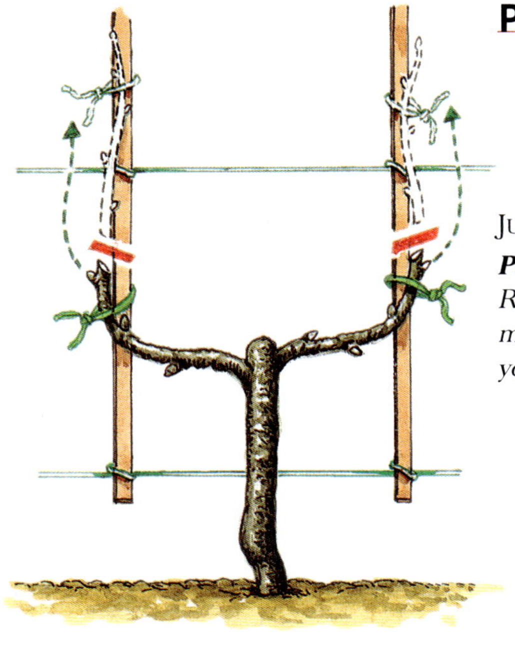

Poda

JUSTO DESPUÉS DE PLANTAR

Palmeta en U
Recortar unos 25 cm el extremo de las ramas maestras. Cortar siempre por encima de una yema orientada hacia el frente o hacia un lado.

Palmeta Verrier
Recortar unos 25 cm el extremo de las dos ramas maestras exteriores, y sólo 20 cm las dos ramas centrales. Podar siempre por encima de una yema situada orientada al frente o hacia un lado.

Atar las ramas maestras a los listones verticales al plantar el árbol y, durante el verano, seguir sujetándolas a medida que se vayan desarrollando.

TODOS LOS AÑOS

Entre enero y febrero
Podar las ramas de madera que hayan crecido sobre la rama maestra por encima de la tercera yema bien formada a partir de la base.

Para cualquier tipo de palmeta, recortar unos 25 cm el extremo de las ramas maestras hasta que el peral guiado alcance su altura definitiva (de 2 a 2,50 m).

Identificación de los órganos del peral

Los diferentes órganos del peral tienen su origen en una yema que evolucionará según el esquema siguiente en función de la cantidad de savia que reciba.

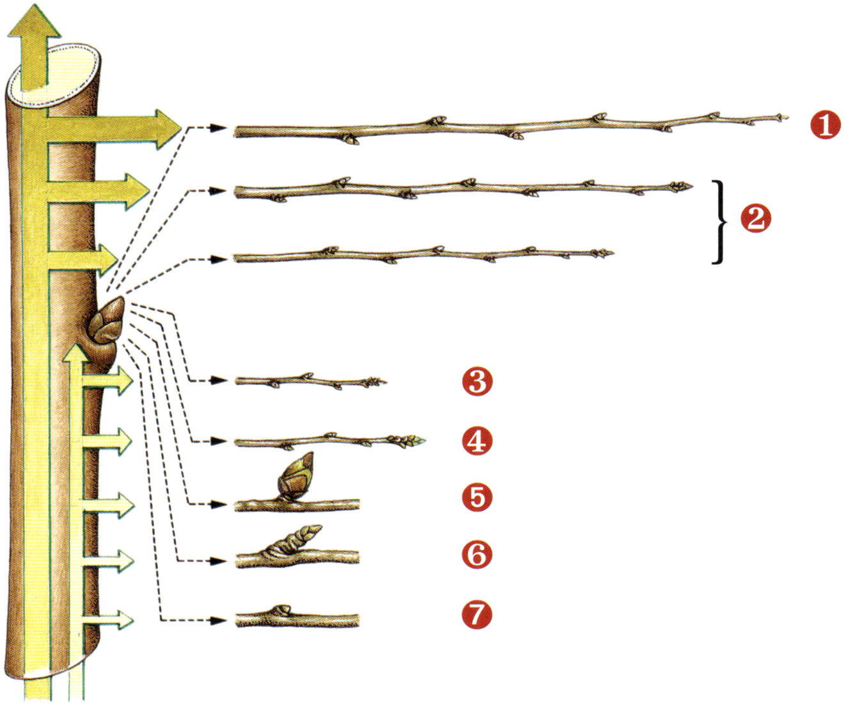

El **chupón** (o rama golosa) ❶ es una rama muy vigorosa que aparece en los codos de las ramas más gruesas (**maestras** o de primer orden). Absorbe buena parte de la savia en detrimento de otras ramificaciones y puede alcanzar más de un metro de longitud en un año. Hay que eliminarlo cortándolo a ras de la rama de la que nace.

La **rama de madera** ❷ es más pequeño que el chupón (crece de 25 a 60 cm en una estación). Tiene en los lados y en la punta **yemas de madera,** puntiagudas y delgadas, que darán lugar a otras ramas de madera (estériles). Mediante una poda adecuada, puede estimularse para que produzca yemas fértiles. En el caso del manzano, es raro que una yema de madera se convierta en un botón floral. Puede, no obstante, producir una ramita que, ésta sí, incluya botones florales. Cuando es muy fina y mide entre 15 y 20 cm de longitud recibe el nombre de **ramilla** ❸**.**

Durante la poda habrá que respetar todas las ramas que incluyan botones florales, ya que garantizarán la producción de frutos en la siguiente estación. Una ramita delgada puede terminar en un botón floral: en tal caso recibe el nombre de **ramilla coronada** ❹**.**

El **botón floral** ❺ es una yema que florecerá primero y, más tarde, dará fruto. Es redondeado, globuloso y puntiagudo. Está rodeado por una roseta de seis o más hojas cerradas.

El **dardo** ❻ es una yema puntiaguda, bastante ancha en la base, y que está rodeada por una roseta de dos o tres hojas. Su desarrollo dependerá de la poda a la que sea sometido: puede transformarse en botón floral o producir una rama de madera.

Una **yema latente** ❼ o dormida no produce nada por falta de savia.

Poda

En febrero

Cortar cualquier ramificación que crezca por encima de una ramilla coronada (con botón floral en el extremo) justo por encima de ésta.

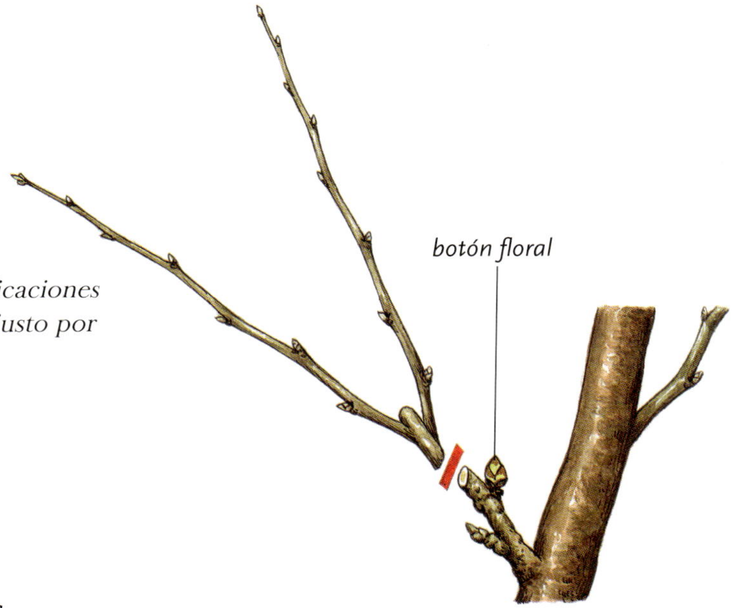

Cortar también todas las ramificaciones portadoras de un botón floral justo por encima de éste.

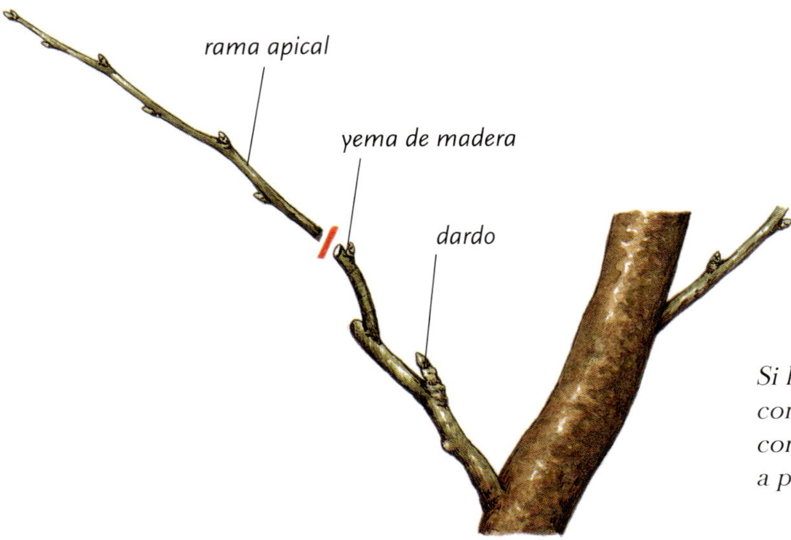

Si la rama nacida de la rama maestra contiene un dardo y una sola rama apical, cortar ésta por encima de la primera yema a partir de su base.

Poda

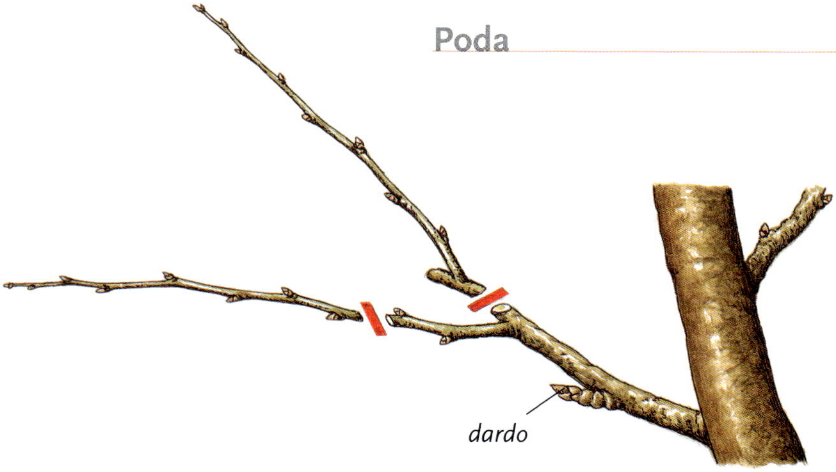

Si crecen dos ramas por encima del dardo, cortar la más próxima a éste por encima de la segunda yema a partir de su base y desechar la otra.

Si crecen tres ramas por encima del dardo, cortar la más próxima a éste por encima de la tercera yema a partir de su base y eliminar las otras dos.

En mayo
Para obtener frutos más grandes, eliminar algunas peras cuando alcancen el tamaño de una nuez: conservar una o dos por grupo (las más gordas).

Entre mayo y septiembre, si una rama joven muestra tendencia a sobrepasar a la del extremo, cortarla cinco o seis hojas por encima de su base.

Mantenimiento

En marzo, trabajar ligeramente el suelo al pie de las palmetas. Añadir al mismo tiempo un abono completo y estiércol seco.

Desherbar y mantener la tierra limpia al pie de las palmetas. Pulverizar un herbicida total a base de glifosato o aplicar un herbicida antigerminación justo después de remover el suelo en primavera.

Hay que vigilar la planta y atajar los parásitos y enfermedades apenas se detecten, ya que podrían afectar a su correcto desarrollo. Cuando los frutos tengan el tamaño de una nuez, pueden protegerse con bolsas especiales disponibles en los comercios de jardinería (ensacado).

– Enfermedades (tratamiento fungicida): mancha, moniliosis, roya del peral.

– Insectos (tratamiento insecticida): psila del peral, gusano de la pera, pulgón.

_ Ácaros (tratamiento acaricida): araña roja.

Recogida

Comenzar la recolección cuando empiecen a caer los primeros frutos y tengan ya su color definitivo. Coger la pera en la palma de la mano y poner el dedo índice sobre el pedúnculo. Al hacerlo bascular, el fruto se desprende solo.
La peras que se quieran conservar durante el invierno hay que recogerlas antes de que maduren: terminarán de madurar durante el periodo de almacenaje.

Después de la recolección, en el punto de inserción del pedúnculo en la rama aparece una masa carnosa llamada bolsa. Contiene elementos susceptibles de producir frutos (como una ramilla coronada o un dardo) e incluso, a veces, un botón floral.

Conservación

Guardar las peras en cajones sobre varias capas de papel de periódico, con el rabo hacia arriba y en una sola capa. Almacenarlas en un local oscuro, fresco (entre 3 y 6 °C) y húmedo (85% de humedad), a salvo de heladas y olores. No se deben guardar con otros alimentos y el local debe ventilarse con frecuencia.

Según las variedades, los frutos pueden almacenarse unos días (peras de verano) o hasta 8-10 semanas (peras de invierno). Hay que recoger estas últimas antes de las primeras heladas.

Uva espina

Ribes uva-crispa

En zonas frías hay que plantar este grosellero espinoso a pleno sol. En lugares cálidos conviene una posición sombreada porque se resiente de la sequía. Aunque se adapta a todo tipo de terrenos frescos, prefiere un suelo arcilloso-silíceo, mullido y fértil, ni ácido ni muy calizo. Recibe también el nombre de agraz y cambronera.

Plantación
De noviembre a marzo (a raíz desnuda); todo el año (en maceta)
Poda
En febrero
Recogida
Finales junio-principios agosto
Distancia entre plantas
De 1 a 1,50 m
Floración
De marzo a abril

Cuándo y cómo cultivarla

Plantación

de un ejemplar a raíz desnuda

DOS MESES ANTES DE PLANTAR
Excavar una zanja de 60 cm de ancho y otros tantos de profundidad a lo largo de toda la futura plantación. Incorporar un abono completo especial para frutos pequeños a la tierra extraída. Rellenar la zanja sin apisonar.

Para plantar un único arbusto, basta con cavar un hoyo de 60 cm en todos los sentidos.

Qué forma escoger

Se cultiva en **mata arbustiva.** Se venden ejemplares jóvenes de tres o cuatro ramas, a raíz desnuda o en maceta.

Variedades recomendadas

'Captivator', 'Careless', 'Dane's Mistake', 'Freedonia', 'Germania', 'Hinnomâki', 'Invecta', 'Leveller', 'Pixwell', 'Poorman', 'Resistent', 'Robustenda', 'Roi', 'Spinefree', 'Varianta', 'Welcome', 'Whinham's Industry'.

Plantación

de un ejemplar a raíz desnuda

En el momento de plantar

Cavar un hoyo de un tamaño ligeramente superior al de las raíces del arbusto que se va a plantar. Podar todas las ramas por encima de la segunda yema a partir de la base. Suprimir las raíces dañadas y recortar las otras. Introducirlas luego en una «papilla» hecha con tierra de jardín y agua a fin de garantizar un mejor arraigo del arbusto.

Atravesar un palo recto sobre el hoyo: la base del arbusto debe sobresalir ligeramente del nivel del suelo. Hacer una montañita de tierra en el fondo del hoyo y extender encima las raíces. Rellenar con tierra sin apisonar. Hacer un pequeño alcorque y regar.

Plantación

de un ejemplar comprado en maceta

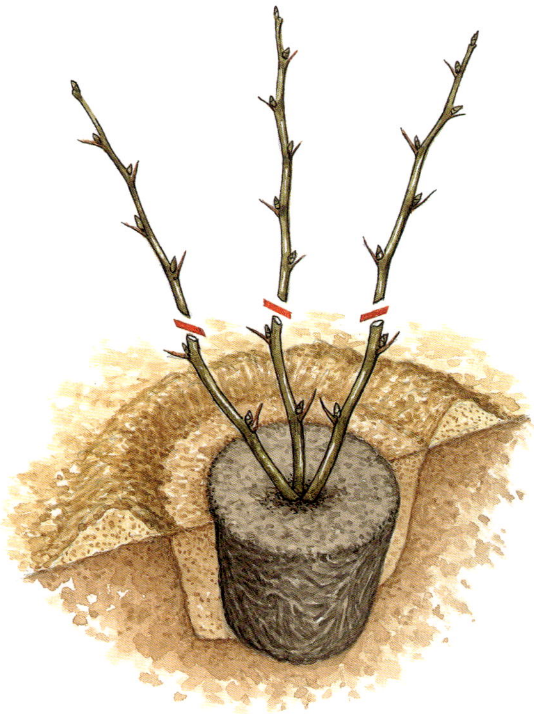

Preparar el suelo como en el caso anterior. En el momento de plantar, introducir en agua la maceta antes de extraer el cepellón. Cavar un agujero algo mayor que el tamaño de éste: la parte superior debe quedar al nivel del suelo. Rellenar apisonando bien la tierra. Hacer un alcorque y regar.
Podar las ramas de la misma manera que las del arbusto a raíz desnuda.

Si se adquiere en maceta, la uva espina puede plantarse en cualquier momento del año. El secreto del éxito es la regularidad y abundancia del riego durante el verano siguiente a la plantación.

Poda

Cortar todos los años a ras del suelo las ramas más viejas (las menos productivas). Podar también los tallos débiles o entrelazados, los bajos (los frutos se estropearían en contacto con el suelo) y la madera muerta. Conservar una docena de ramas productivas. Recortar dos tercios o la mitad de los renuevos vigorosos, que en uno o dos años reemplazarán a las ramas envejecidas.

Mantenimiento

En marzo, remover ligeramente la tierra con cuidado de no dañar las raíces superficiales. Aprovechar para incorporar un abono completo especial para arbustos de fruto pequeño.

Mantener limpia la tierra al pie de los arbustos. Pulverizar un herbicida total a base de glifosato sobre las malas hierbas vivaces en primavera. A continuación, extender estiércol en proceso de descomposición o paja alrededor del pie. Se puede mantener ese acolchado todo el año para ahorrarse el trabajo de arrancar las malas hierbas.

Hay que vigilar la planta y atajar los parásitos y enfermedades apenas se detecten, ya que podrían afectar a su correcto desarrollo.
– Enfermedades (tratamiento fungicida): antracnosis del grosellero, oídio americano, roya del grosellero.
– Insectos (tratamiento insecticida): pulgones verde y amarillo, oruga del grosellero.

Justo antes de que empiecen a tomar color las bayas, proteger los arbustos de los pájaros cubriéndolos con redes de plástico hasta el suelo. Sujetar las redes con ayuda de piedras gruesas.

Recogida

Es preferible recolectar los frutos en racimos, cortando el pedúnculo con las uñas del pulgar y el índice: así se impide que estallen las bayas. Poner la mano debajo para que los racimos no caigan al suelo; se trata de frutos frágiles que no se deben amontonar.

★★

Vid

Vitis vinifera

Cuándo y cómo cultivarla

Soporta hasta -20 °C, pero los brotes jóvenes se resienten a partir de -2 a -3 °C y las uvas necesitan calor para madurar. En zonas frías hay que plantar la vid junto a un muro bien orientado; en otras regiones se puede cultivar en emparrado. Prefiere suelos ligeros y silíceos, incluso pedregosos y calizos.

Plantación
De noviembre a finales de marzo (raíz desnuda); todo el año (en maceta)

Poda
Mediados de febrero-mediados de marzo y de mayo a septiembre

Recogida
De agosto a octubre

Distancia entre plantas
1-1,20 m (en hilera clásica); 2-3 m (en parra)

Floración
En mayo y junio

Plantación

de una vid a raíz desnuda

DOS MESES ANTES DE PLANTAR

Cavar un hoyo de 50 cm en todas direcciones. Añadir a la tierra extraída un abono completo. Rellenar sin apisonar. Instalar el soporte a la altura deseada en la pared: un soporte plano de hierro con una barra transversal a unos 20 cm de la pared. Tender el alambre 50 cm más arriba.

Qué forma escoger

Darle a la vid forma de **cordón horizontal** y guiarla por la fachada, alrededor de las puertas y ventanas, o bien crear una pérgola emparrada o un cenador. Suelen venderse plantitas injertadas formadas por uno o dos sarmientos, con las raíces desnudas o en maceta.

La vid es una liana con una cepa que se ramifica en varios sarmientos, denominados pámpanos cuando son jóvenes. A partir de su base, cada sarmiento tiene 3-4 hojas aisladas, seguidas de 1-2 hojas opuestas a un racimo y, por último, otras hojas opuestas a un zarcillo.

Plantación

de una vid a raíz desnuda

EN EL MOMENTO DE PLANTAR

Cavar un hoyo de tamaño ligeramente superior al de las raíces. Cortar las que estén dañadas y recortar el resto unos centímetros. Introducirlas en una «papilla» hecha de tierra y agua para lograr un mejor arraigo de la vid. Eliminar la rama más débil, si es que hay una.

Atravesar un palo recto sobre el agujero: el punto de injerto debe quedar por encima de él. Formar un montoncito en el fondo del hoyo y disponer las raíces por encima. Rellenar el hoyo. Hacer un pequeño alcorque y regar.

Plantación

de una vid comprada en maceta

Preparar el suelo como en el caso anterior. En el momento de plantar, introducir el tiesto en agua antes de extraer la vid. Cavar un agujero algo más grande que el cepellón. Colocar éste en el fondo: la parte superior debe quedar a ras del suelo. Rellenar el hoyo y apisonar bien la tierra. Hacer un alcorque y regar.
Cortar el tallo por encima de la primera yema a partir de la base.

Poda

AL AÑO SIGUIENTE DE PLANTAR

Cortar el retoño obtenido por encima de las yemas quinta o sexta a partir de la base.

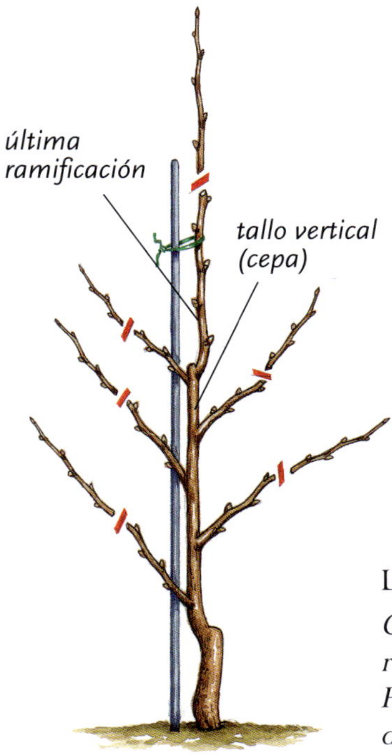

LOS CUATRO O CINCO PRIMEROS AÑOS

Cortar por encima de la cuarta yema todas las ramificaciones del tallo vertical, salvo la más alta de todas. Podar ésta por encima de la quinta o sexta yema a partir de su base y atarla verticalmente.

AL QUINTO O SEXTO AÑO

Cuando el tallo vertical (la cepa) alcance 3 cm de diámetro, arquear el extremo flexible y atarla en horizontal a la altura deseada. Podar por encima de la quinta o sexta yema a partir del codo. Eliminar las ramas situadas por debajo de éste.

Durante el verano, suprimir las ramificaciones que crezcan hacia abajo y sujetar a la estructura verticalmente las que se desarrollen hacia arriba por encima del codo.

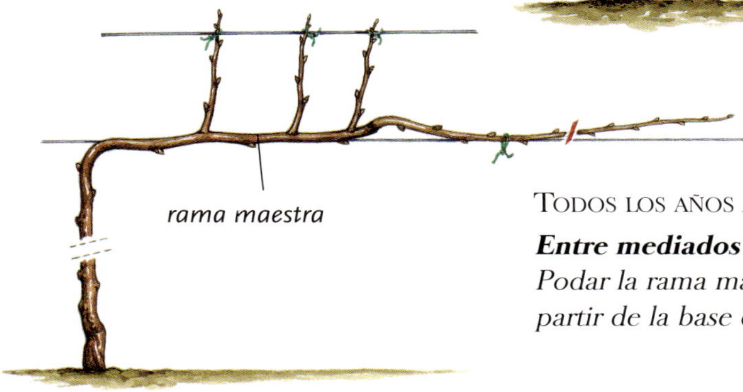

TODOS LOS AÑOS A PARTIR DEL SEXTO O SÉPTIMO

Entre mediados de febrero y mediados de marzo

Podar la rama maestra por encima de la quinta o sexta yema a partir de la base del desarrollo del año anterior.

Eliminar los sarmientos que hayan dado uvas. Cortar todos los que no hayan fructificado por encima de la segunda, tercera o cuarta yema desde su base (según la variedad; informarse en el momento de adquirir la vid).

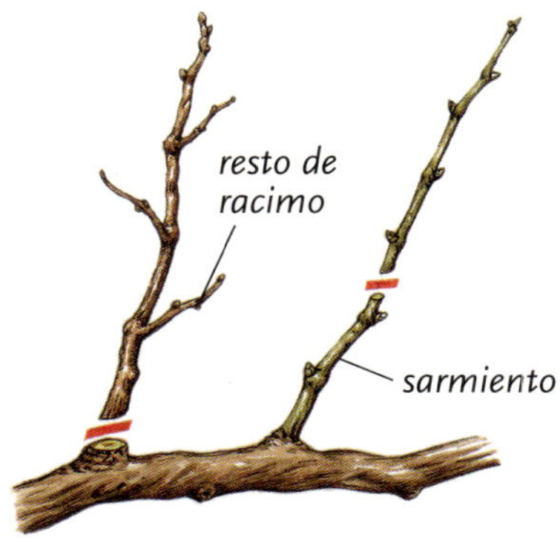

Si el sarmiento respetado contiene más de dos yemas, retirar a mano las que sobren para conservar sólo una en la base y otra en el extremo.

En zonas cálidas, podar la vid cuando «llore», es decir, cuando tras un corte rezume bastante cantidad de savia. En zonas frías hay que esperar a que los brotes de los extremos de los sarmientos alcancen de 2 a 3 cm.

Poda

La vid crece mucho y emite numerosos brotes inútiles, sobre todo en la axila de cada hoja. Habrá que podarla en verano para conseguir que dé buenos frutos.

A partir del mes de junio

Cada ramificación podada en primavera habrá desarrollado dos sarmientos: cortar el que contenga uvas por encima de la segunda hoja posterior al último racimo y el otro, sin frutos, dejarlo de 50-60 cm de largo.

Si una ramificación podada en primavera presenta dos sarmientos sin frutos, suprimir el del extremo y dejar el otro con una longitud de 50-60 cm.

Eliminar las ramas jóvenes que crezcan en la base de las ramificaciones podadas el invierno anterior o directamente sobre la rama maestra. Cortar todos los zarcillos.

Mantenimiento

Proteger las uvas de la voracidad de los pájaros cubriendo la parra con una red cuando empiecen a tomar color los racimos.

Variedades recomendadas

Blanca: 'Amandin', 'Chardonnay', 'Chasselas Cioutat', 'Chasselas de Moissac', 'Chenin', 'Dorada de Fontainebleau', 'Exalta', 'Gewürztraminer', 'Macabeo', 'Moscatel de Alejandría', 'Moscatel grano menudo', 'Ora', 'Parellada', 'Perdin', Perla de Csaba', 'Perlette','Riesling', 'Sauvignon', 'Xarel-lo'.

Negra: 'Aladin', 'Alphonse Lavallée', 'Cabernet Franc', 'Cabernet Sauvignon', 'Cardinal', 'Cariñena', 'Frankenthal', 'Garnacha', 'Merlot', 'Monastrell', 'Pinot', 'Tempranilla'.

Rosada: 'Chasselas rosada Royal', 'Grosse Framboise', 'Rosa de Saint-Vallier'.

Mantener limpio de malas hierbas el suelo al pie de la vid o pulverizar las malas hierbas con un herbicida total a base de glifosato.

Mantenimiento

Pueden protegerse las uvas de las avispas y otros insectos envolviendo los racimos individualmente (ensacado) en bolsas especiales para frutos (permeables al aire y el agua). Este tipo de bolsas pueden adquirirse en tiendas de jardinería.

Hay que vigilar la planta y atajar los parásitos y enfermedades apenas se detecten, ya que podrían afectar a su correcto desarrollo.
– Enfermedades (tratamiento fungicida): mildiu, oídio, antracnosis, podredumbre gris.
– Insectos (tratamiento insecticida): piral de la vid, filoxera.
– Ácaros (tratamiento acaricida): gorgojo de la vid.

Recogida

Recoger los racimos cuando las uvas hayan adquirido color. Con cada racimo debe cortarse una porción de sarmiento (2,5 cm a ambos lados del pedúnculo): así se conservará más tiempo.

Las uvas pueden conservarse más tiempo si se dispone de un local oscuro con una temperatura del orden de 4 °C y una humedad del 85 al 90%.

Zarzamora

Rubus fruticosus

En regiones cálidas, la zarzamora o espino negro debe plantarse en lugar sombreado; en otras zonas, a pleno sol, pero en un sitio protegido. Aunque soporta climas extremos, es sensible a los vientos fríos y a la falta de agua. Prospera en todas partes, pero prefiere terrenos frescos y bastante ricos.

Plantación
De noviembre a marzo (raíz desnuda); todo el año (en maceta)

Poda
De finales de febrero a principios de marzo

Recogida
De julio al final de septiembre

Distancia entre plantas
De 2 a 4 m

Floración
De junio a septiembre

Cuándo y cómo cultivarla

Plantación

DOS MESES ANTES DE PLANTAR

Se pueden hacer agujeros individuales de 50 cm en todos los sentidos o una zanja de 50 cm de ancho, otro tanto de profundidad y la longitud deseada. Añadir a la tierra extraída un abono completo especial para arbustos de fruto pequeño. Rellenar sin apisonar la tierra.

Qué forma escoger

Las formas cultivadas en empalizada, sobre armazones diversos, facilitan la recolección de los frutos y las operaciones de mantenimiento. Las zarzamoras pueden adquirirse como **plantas** de dos o tres años o como **matas arbustivas** de entre 60 cm y 1,50 m.

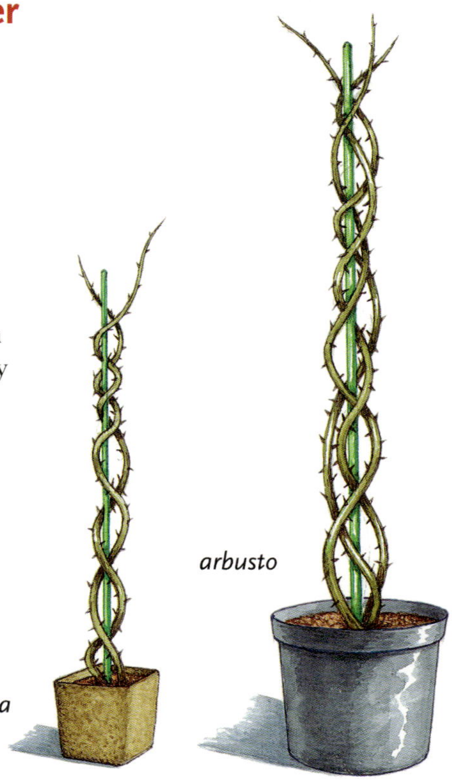

Variedades recomendadas

Moras negras: 'Black Satin', 'Darrow' (espinosa), 'Dirksen', 'Jumbo' (espinosa), 'Lochness', 'Olallie', 'Smoothstem', 'Thornfree', 'Thornless Evergreen', 'Youngberry'.
Híbridos: 'Boisen', 'Loganberry', 'Tayberry' (espinosa).

Algunas variedades carecen de espinas: el cultivo, la poda y la recogida de los frutos resultan más fáciles. Salvo que se indique lo contrario, la mayoría de las variedades recomendadas son de este tipo.

Plantación

EN EL MOMENTO DE PLANTAR

Introducir la maceta en agua antes de sacar la planta. Cavar un hoyo ligeramente más grande que el cepellón. Colocar éste en el fondo: su parte superior debe quedar a ras del suelo.

Rellenar el hoyo y apisonar bien la tierra en torno al cepellón con ayuda de un palo. Formar un alcorque y regar. Cortar a continuación todas las ramas a 30-40 cm del suelo.

Poda

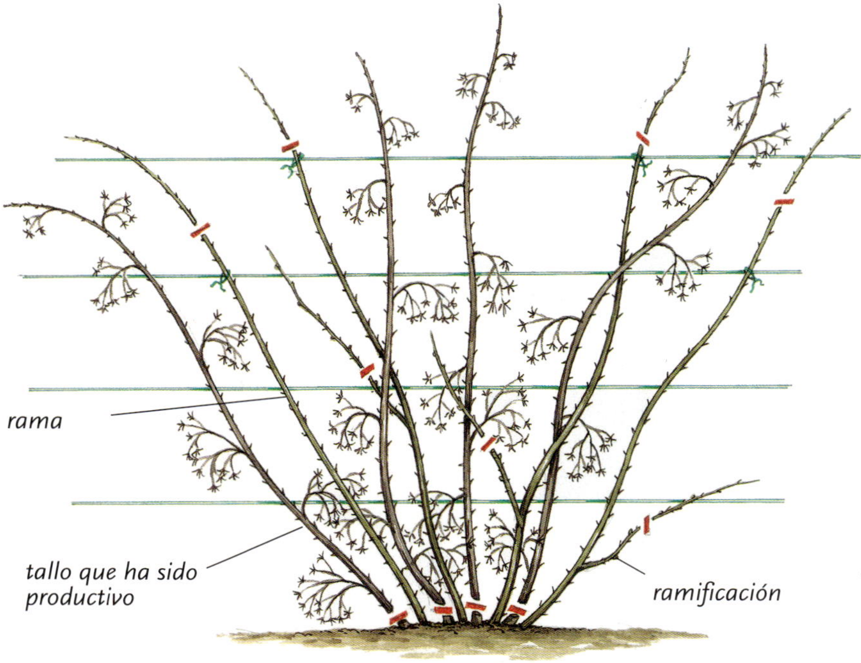

Cada año, entre finales de febrero y principios de marzo, cortar a ras del suelo los tallos que hayan dado frutos. Disponer las otras ramas en abanico, bien repartidas sobre la superficie de soporte. Recortar las ramas que se rocen con otra zarzamora contigua. Podar las ramificaciones por encima de la segunda yema a partir de su base.

Mantenimiento

En marzo, cuando empieza a brotar la vegetación, remover superficialmente la tierra e incorporar un abono especial para arbustos de bayas.

Arrancar a mano las malas hierbas para mantener el suelo limpio en la base de las matas o emplear herbicidas químicos especiales para bayas. Se puede evitar este trabajo usando un acolchado permanente de estiércol en descomposición o paja.

A lo largo del año, ir sujetando en abanico los retoños al soporte previsto, dejando un espacio libre en el centro para fijar en él los renuevos más vigorosos que procedan de la base: al año siguiente reemplazarán a las ramas eliminadas con la poda.

Hay que vigilar la planta y atajar los parásitos y enfermedades apenas se detecten, ya que podrían afectar a su desarrollo.
– Enfermedades (tratamiento fungicida): antracnosis del frambueso, septoriosis, oídio.
– Insectos (tratamiento insecticida): pulgón, gusano de la fruta.
– Ácaros (tratamiento acaricida): ácaro de la zarza.

Recogida

Recoger las moras cuando estén bien coloreadas y empiecen a estar blandas. Es preferible hacerlo por la mañana, tras la evaporación del rocío. Emplear una cestilla cubierta con papel de seda y procurar no amontonarlas. Habrá que recoger varias veces de la misma planta, ya que los frutos maduran de forma escalonada.

Glosario

Abono de fondo: abono que aporta una dosis equilibrada de tres nutrientes esenciales para las plantas (nitrógeno, fósforo y potasio). Se almacena en el suelo, desde donde se va liberando progresivamente con el riego o la lluvia. Se llama también abono completo.

Aclareo (o raleo): eliminación del exceso de frutos.

Acolchado: operación consistente en cubrir el suelo alrededor de una planta con un material ligero, poroso y que permite la circulación del aire y del agua, pero que impide el crecimiento de malas hierbas por falta de luz y protege a las plantas frágiles del frío en invierno. Puede acolcharse con paja, hojas secas, cascarilla de lino, corteza de pino...

Apéndice estipular: brote situado en la base de otro y más pequeño que él. En los árboles de fruto con hueso, suelen agruparse de dos en dos o de tres en tres. Uno de ellos, más desarrollado, será la estípula principal; los otros reciben el nombre de brotes estipuláceos.

A raíz desnuda: árbol o arbusto que se adquiere sin cepellón.

Árbol: planta leñosa con tronco que puede alcanzar un tamaño importante.

Arbusto: planta leñosa sin tronco, con forma de mata y pequeño tamaño.

Arqueado: técnica que consiste en arquear una rama para ralentizar la circulación de la savia y obligarla a producir botones florales en la parte inferior.

Autogamia: autopolinización de las plantas.

Bolsa: engrosamiento o masa carnoso que se forma en el punto en el que se inserta el pedúnculo del fruto y que contiene órganos fértiles (dardo y botón floral).

Botón floral: yema redondeada, globulosa y puntiaguda cuyo ulterior desarrollo producirá una o varias flores.

Brote: rama aún joven y en desarrollo que ya tiene hojas.

Brotón maduro: se denomina así a la rama del año que se lignifica antes del invierno.

Calizo: suelo con pH superior a 7. Contiene carbonato cálcico en abundancia, lo que impide a veces la absorción de algunos nutrientes.

Capullo: estadio en el desarrollo de un botón floral (en frutales como almendros, melocotoneros y albaricoqueros) en el que éste permanece cerrado pero las escamas se abren lo suficiente para que resulte visible la punta de los pétalos.

Cepa: tronco engrosado de la vid (sólo la parte vertical).

Cepellón: pella de tierra que se deja adherida a las raíces de los vegetales para trasplantarlas.

Chupón (o rama golosa): rama muy vigorosa y casi vertical que se desarrolla a costa de otras ramas cercanas. Puede crecer más de 1 m en un año. Aparece en los codos de las ramas maestras (de primer orden).

Contraespaldera: forma plana para el cultivo de frutales en línea y adosados a un armazón que no se apoya sobre un muro.

Cordón horizontal: forma de crecimiento que se consigue dirigiendo horizontalmente sobre un cordón un tallo (cordón sencillo) o dos tallos (cordón doble).

Cordón vertical: forma en la que se desarrolla verticalmente una única rama principal sobre la que crecerán las ramificaciones fructíferas. Se denominan cordones verticales alternos cuando tienen alturas diferentes y están unos al lado de otros adosados al mismo muro.

Crecimiento libre: forma de desarrollo de un árbol que crece sobre un tronco en el jardín y no necesita apoyarse en un soporte, a diferencia de las formas cultivadas en espaldera.

Cuello: parte de la planta en la que coincide el nacimiento de las ramas y las raíces.

Cultivar: término que designa una variedad de planta creada por el hombre, frente al término variedad propiamente dicho, que se refiere en principio a una creación natural.

Dardo: yema puntiaguda, bastante ancha en la base y rodeada de una roseta de dos o tres hojas. Su evolución depende de la poda realizada: puede transformarse en un botón floral o producir una rama de madera.

Descarga (entresaca): supresión de ramas de un árbol para aligerar el ramaje, reducir su tamaño o variar su forma.

Desmochado: técnica que consiste en recortar el tronco del árbol o arbusto a una determinada altura. El árbol podado de esta manera muestra en su parte superior un engrosamiento sobre el que se desarrollarán las futuras ramas.

Despunte (o desbrote): operación que consiste en seccionar el extremo de ramas jóvenes para favorecer el desarrollo de nuevas ramificaciones o de frutos. También se llama pellizcar o pinzar.

Desyemadura: procedimiento por el que se suprimen en primavera ciertos brotes o yemas considerados inútiles.

Dioico: árbol o arbusto en los que las flores masculinas y las femeninas están en plantas diferentes.

Emparrado: vid guiada en cordón sobre una estructura apoyada en un muro.

Ensacado: operación que consiste en envolver los frutos en bolsas especiales para acelerar el proceso de maduración y protegerlos del ataque de los parásitos.

Espaldera: forma de cultivo plana sobre un soporte adosado a un muro.

Floración múltiple: la planta produce flores, o frutos, al menos dos veces durante el mismo año.

Floración única: la planta produce flores, o frutos, una sola vez al año.

Fresco (suelo): se aplica a un terreno cuyo interior no se seca en verano. En cuanto se excava un poco aparece la tierra ligeramente húmeda.

Fructífero: se aplica al árbol, a la yema, a la rama o a cualquier otro órgano destinado a portar frutos o que ya los ha producido.

Goma: exudación viscosa que mana de las heridas de los árboles de fruto con hueso.

Materia orgánica: toda materia que procede de la descomposición de organismos vegetales o animales.

Mullir: cavar alrededor de las plantas para ahuecar la tierra.

Ojo: los jardineros designan con este nombre a las yemas ya formadas pero aún sin abrir.

Palmeta: forma plana de cultivo sobre un armazón en la que las ramas crecen en un mismo plano.

Palmeta en abanico: forma plana en la que todas las ramas están dispuestas en forma de abanico respecto a la vertical y crecen sobre un tronco de unos 30 cm de largo.

Palmeta en U doble: forma plana compuesta de dos ramas principales cortas que se dividen en su base y dan lugar a cuatro ramas maestras del mismo vigor que forman una doble U.

Palmeta en U sencilla: forma plana compuesta de dos ramas maestras de idéntico tamaño que forman una U.

Palmeta Verrier (o reja de 4): forma plana constituida por cuatro ramas maestras de igual longitud que forman una U central encuadrada en otra U de mayor tamaño y con tronco corto.

Peciolo: pequeño tallo que une el limbo de la hoja al tallo.

Pedúnculo: porción de tallo que une el fruto o a la rama.

Pie alto: forma de crecimiento libre de un árbol sobre un tronco que mide entre 1,50 y 2 m de altura.

Pie bajo: forma de árbol cultivado sobre un tronco bajo entre 30 y 80 cm. Los frutos que crecen en las ramas son así más accesibles.

Pie medio: forma de crecimiento libre en la que el árbol se desarrolla sobre un tronco de entre 1 y 1, 50 m de altura.

Plantón (o pimpollo): arbolito injertado de un año que sólo presenta un tallo principal y, a veces, ramificaciones en las especies más vigorosas.

Polinización: transporte del polen, de forma natural o provocada, hasta los estigmas de las flores para proceder a su fecundación.

Portainjerto (o patrón): planta destinada a recibir (o que ha recibido) un injerto.

Prolongación: crecimiento anual de las ramas maestras.

Punto de injerto: lugar donde se unene el portainjerto (raíces y base del tronco) y el injerto (parte superior de la variedad injertada). La soldadura produce un engrosamiento en el punto de unión.

Radícula: raíz muy fina surgida de una raíz principal. Absorbe agua y elementos minerales del suelo para alimentar a la planta.

Rama de madera: rama que sólo tiene yemas de madera, puntiagudas y finas, de las que nacerán más ramas de madera.

Rama florífera (o ramúsculo): rama muy corta, de 2 a 5 cm de longitud, con cinco o seis botones florales y una yema terminal de madera. Es un órgano típico de los árboles de fruto con hueso.

Rama fructífera: rama que producirá los frutos, o que los ha dado ya.

Rama maestra (o de primer orden): rama principal o primaria, de diámetro grande, que constituye junto con el tronco el esqueleto del árbol. Sobre ella nacen las ramas productoras de flores y frutos.

Rama mixta: rama que contiene yemas de de madera encargada de asegurar el reemplazo, además de botones florales, que darán flores y más tarde, frutos.

Ramaje: conjunto de las ramas principales de un árbol y sus ramificaciones.

Ramilla: rama fina y corta, de 5 a 20 cm de longitud, que tiene exclusivamente yemas de madera.

Ramilla coronada: rama fina y corta, de 5 a 20 cm de longitud, que tiene yemas de madera pero termina en un botón floral.

Renuevo: vástago que echa el árbol después de podado o cortado.

Roseta: grupo de varias hojas que comparten el punto de inserción sobre el tallo.

Sarmiento: sólo en la viña, designa las ramificaciones rígidas, lignificadas.

Sierpe: brote surgido en la base, directamente de las raíces. Las plantas capaces de producirlos, como el frambueso, suelen tener raíces superficiales muy extendidas y estos brotes pueden aparecer muy lejos.

Yema: engrosamiento que contiene escamas o pétalos cerrados, brácteas o futuras hojas; es el origen de una rama (yema de madera) o eventualmente de una flor.

Yema de madera: sólo contiene brácteas o futuras hojas y da nacimiento a una rama de madera.

Yema latente (o dormida): yema poco visible que no se desarrolla, situada entre los pliegues la corteza de la base de las ramas o incluso bajo la corteza.

Índice

Créditos de las fotografías

Todas las fotografías son de Christian Hochet/Rustica, excepto:
pp. 8, 127, 187, 197: Franck Boucourt/Rustica;
pp. 30, 33, 42, 51, 60, 61, 114, 151, 156, 165, 166, 185, 210: Arnaud Descat/MAP;
pp. 117, 163, 169, 205: Alain Guerrier/MAP;
pp. 91, 101, 121, 186: F. Marre/Rustica;
pp. 75, 79, 89, 103, 177: Rustica;
pp. 86, 87: M. Guittard/Rustica;
pp. 39, 97, 109, 147, 173, 207, 209: N. y P. Mioulane/MAP;
pp. 73, 75: V. Klecka/Rustica;
pp. 57, 150, 157, 192: Noun/MAP;
pp. 78, 154: Philippe Asseray/Rustica;
p. 111: Benjamin Thoby/MAP;
p. 115: I. Devaux/Rustica
pp. 95, 203: E. Brenckle/Rustica, estilismo Marie Marcat;
p. 189: F. Strauss/MAP;
p. 195: Martine Doriac/DEF.

Cubierta: foto de N. y P. Mioulane/MAP.